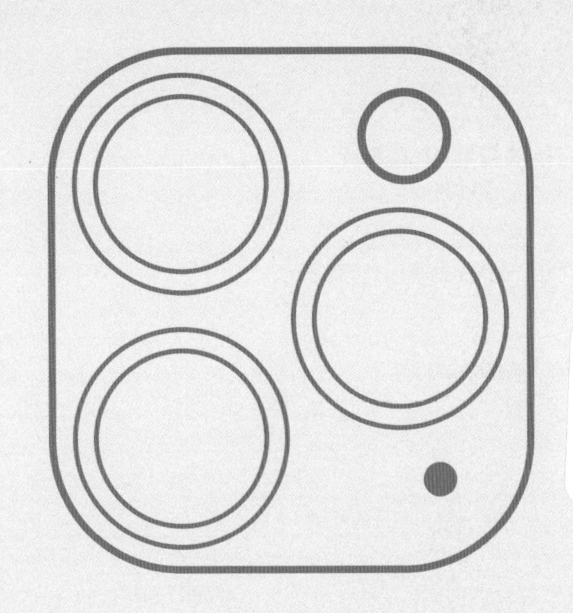

黄柏元
韦清景
—— 编著

小手机 大视界

全民短视频创作技法精解

人 民 邮 电 出 版 社
北 京

图书在版编目（CIP）数据

小手机大视界 ： 全民短视频创作技法精解 / 黄柏元，韦清景编著. -- 北京 ： 人民邮电出版社，2022.10
ISBN 978-7-115-59394-8

Ⅰ. ①小… Ⅱ. ①黄… ②韦… Ⅲ. ①视频编辑软件 Ⅳ. ①TP317.53

中国版本图书馆CIP数据核字(2022)第095491号

内 容 提 要

本书讲述了与短视频相关的理论知识、拍摄方法及后期处理技巧。本书不仅包括短视频拍摄的基础理论知识，如取景构图、色彩搭配、光影塑造等，还包括测光、焦点转移、分离对焦和曝光等方面的实操性内容，以及使用后期处理软件剪辑视频的方法，旨在帮助读者掌握短视频的拍摄及后期处理技巧。此外，本书还从个人品牌打造的角度讲解了更多实战技巧。

本书适合广大短视频爱好者、自媒体行业从业人员，以及想寻求突破的新媒体平台工作人员、从事短视频电商营销与运营的个人和企业人员等学习和参考。相信在阅读本书后，各位读者可以将所学知识应用于日常拍摄中，在短时间内创作出广受欢迎的优质作品。

◆ 编　　著　黄柏元　韦清景
责任编辑　王　冉
责任印制　马振武
◆ 人民邮电出版社出版发行　　北京市丰台区成寿寺路 11 号
邮编　100164　　电子邮件　315@ptpress.com.cn
网址　http://www.ptpress.com.cn
北京瑞禾彩色印刷有限公司印刷
◆ 开本：700×1000　1/16
印张：17.75　　2022 年 10 月第 1 版
字数：284 千字　　2022 年 10 月北京第 1 次印刷

定价：89.90 元

读者服务热线：(010)81055410　印装质量热线：(010)81055316
反盗版热线：(010)81055315
广告经营许可证：京东市监广登字 20170147 号

行走在光影世界中的使者

精神到处意境高，功夫深时影像好。

伯乐先生（黄柏元）与我是故交，我们一起走过了创作生涯中尤为灿烂的那几年，一起拍摄了手机大电影。我深知他内心的热情，他的追求炙热而真诚，我一直不知如何称赞，看完这本书后，我感觉一切都明了了。在这本书里，他将艺术理论和自身经历融合成了一个整体，文字可读，影像可观，思想可悟，这本书称得上关于短视频的“百科全书”。

人生长河一腔炙热入其中，光影世界一部手机徐道来。

人的精神生活有两种境界：一是乡土情结，二是诗和远方。伯乐先生一方面对本土文化有特别的情怀，另一方面对诗和远方有特别的向往。他无疑是这两种精神生活的使者。我去过他的家乡，他对家乡爱得真诚，他热切地希望自己能够通过短视频造福家乡，同时也希望自己能够用短视频记录希望和美好，这便是本书的精神。如果读者学习短视频的目的是记录和表达，并且让这种表达产生价值，那么阅读本书就再合适不过了。

躬身力行实践理论真知，镜头内外塑造审美格局。

你也许想不到伯乐先生是一位“95 后”，一个在少年时代就选择奔跑的人，日后必定会成为强者。他去了几千个乡村，并在此过程中感悟和升华；他教会了几万名摄影爱好者用手机摄影，并在此过程中沉淀和积累；他在互联网平台上创作了播放量总计 2 亿次的视频，并在此过程中表达和绽放。

沙漠

新生代导演及编剧

前言

时代在进步，人们的生活节奏在不断加快。在互联网高速发展的当下，“流量”这个词深入人心，而短视频这一内容传播形式，在承载着巨大流量的同时，凭借其便捷独立与短小精悍等特点，赢得了众多内容媒体和广告商的青睐。如今，短视频不仅成了大众主要选择的内容传播形式，也成了众多品牌方首选的营销方式。

艺术家安迪・沃霍尔曾说过：“每个人都能在 15 分钟内出名。”这条著名的“15 分钟定律”在短视频数量呈爆发式增长的今天得到了印证。短视频之所以被大家推崇，一方面是因为其具有制作门槛低、包容性强等特点，另一方面是因为在智能手机已得到普及的今天，即使是普通人，也能利用短视频建立个人品牌。

过去，人们多通过报纸、书籍获取信息和知识。而在当下，得益于现代影像技术的快速迭代，在融合文字、语音和画面的基础上，具备“短平快”特点的短视频将其在视听效果方面的优势发挥到了极致，如今的日常生活和文化传播，越来越依赖这一内容传播形式。

或许，此时此刻的你还在思考要不要踏上“短视频”这趟列车，或许你的内心非常抵触这种“随大流”的创作方式，但你不得不承认，那些早期牢牢攥紧这趟列车“车票”的人，已经获得了较大的成功。

当线下的商家还在雇人发传单，通过普通的促销活动揽客进店时，那些玩转短视频的商家已经开始在各大短视频平台上投放内容，收获了大批来自全国各地的顾客，并凭借短视频积累的人气，成功踏入“直播带货”这一新兴领域。

无论你是刚刚接触短视频的新手，还是已经跻身短视频创作行列的专业人士，可能都会遇到各种各样的有关短视频的难题，这些难题可能是后期制作上的难题，也可能是内容创作与构思方面的难题，还可能是内容上线后如何推广及运营的难题。

针对这些难题，编者结合自己多年的短视频制作教学经验，编写了本书。本书内容由浅入深，在阐述专业理论的同时，结合编者自身的拍摄经历，剖析了短视频创作的每个环节。有短视频创作基础的读者同样可以通过翻阅本书，找到与直播、运营及变现等相关的内容，进一步获取短视频变现的方法。

编者

2022 年 9 月

生活中有很多动情瞬间，在举手投足之间，在一刹那，在回眸中，组成了诗一般的人生。拿起手机，记录“高光”时刻吧！

——电影导演

王乐超

音乐作品和摄影作品都来源于生活，偶遇美景时拍下的瞬间，抑或是脑海中萦绕的旋律，这些片刻的永恒都可能成为经典。

——乐评人

陈小君

笔者耕耘于思想认知之中，摄影师行走于美好光线之间。好的作品往往需要深刻的体会才能得以升华，一切美好都来源于发现，文字和影像能够加深我们对世界的理解。

——导演、编剧

沙漠

我们每个人都是生活的创造者和记录者。我们每天都在用脚步丈量生活，用双手书写人生。我们需要记录生活，毕竟生活不能回放，让时光凝固在镜头里，一切动态的、静态的事物都值得记录。

——纪录片导演

林志权

在按下快门的瞬间，时间和空间凝结成诗。我们在岁月的长河中反复咀嚼、铭刻或遗忘。时光倒流中的喜怒哀乐、浮云朝露，汇聚成喜怒哀乐、多姿多彩的人生！

——原创音乐人

阿宽

韦清景老师是我认识近 10 年的朋友，在互联网和短视频营销上，他也是我的老师和顾问，给了我很多非常有价值的专业指导。现在短视频是互联网的风口所在，韦清景老师的这本书对短视频营销的“道、法、术、器”4 个方面都有非常深入的解析。本书通俗易懂，实操性强，短视频创作者不可不看，向大家隆重推荐！

——九德定位咨询公司董事长

徐雄俊

资源与支持

本书由“数艺设”出品，“数艺设”社区平台（www.shuyishe.com）为您提供后续服务。

配套资源
案例素材文件。
电子自查试卷及答案。

资源获取请扫码
提示：关注公众号后，输入51页左下角的5位数字，了解资源获取方式

“数艺设”社区平台，为艺术设计从业者提供专业的教育产品。

与我们联系

我们的联系邮箱是 szys@ptpress.com.cn。如果您对本书有任何疑问或建议，请您发邮件给我们，并请在邮件标题中注明本书书名及ISBN，以便我们更高效地做出反馈。

如果您有兴趣出版图书、录制教学课程，或者参与技术审校等工作，可以发邮件给我们。如果学校、培训机构或企业想批量购买本书或“数艺设”出版的其他图书，也可以发邮件联系我们。

如果您在网上发现针对“数艺设”出品图书的各种形式的盗版行为，包括对图书全部或部分内容的非授权传播，请您将怀疑有侵权行为的链接通过邮件发给我们。您的这一举动是对作者权益的保护，也是我们持续为您提供有价值的内容的动力之源。

关于“数艺设”

人民邮电出版社有限公司旗下品牌“数艺设”，专注于专业艺术设计类图书出版，为艺术设计从业者提供专业的图书、视频电子书、课程等教育产品。出版领域涉及平面、三维、影视、摄影与后期等数字艺术门类，字体设计、品牌设计、色彩设计等设计理论与应用门类，UI设计、电商设计、新媒体设计、游戏设计、交互设计、原型设计等互联网设计门类，环艺设计手绘、插画设计手绘、工业设计手绘等设计手绘门类。更多服务请访问“数艺设”社区平台 www.shuyishe.com。我们将提供及时、准确、专业的学习服务。

目录

时代机遇，用直播布局个人品牌 269

第一章 短视频火了，凭什么

随着智能手机的普及与移动互联网的发展，短视频行业迅速崛起，成为近几年互联网行业的热点。如今，我们每天打开手机大概率会看一些短视频，短视频行业的崛起在某种意义上已经改变了人们的生活习惯。

2020 年 11 月，人民日报中国品牌发展研究院发布了《中国视频社会化趋势报告（2020）》，报告指出，2020 年中国短视频用户规模达到 7.92 亿，成为互联网第三大流量入口，如图 1-1所示。

短视频成为引领视频行业发展的支柱力量

短视频平台百花齐放，
2020年中国短视频用户规模达到**7.92亿**，
短视频用户渗透率超**70%**，
成为互联网**第三大**流量入口。

图 1-1

1.1 概念：究竟什么是短视频

短视频作为一种影音结合体，能够给人带来更为直观的感受，它利用手机用户的碎片化时间，极大地满足了手机用户的信息和娱乐需求。

1.1.1 短视频的特点

短视频是在长视频不断发展的过程中衍生出来的。虽然短视频与长视频有许多共同点，但短视频也在不断发展的过程中逐渐形成了自身的特点。这些特点使短视频的运营效果远比传统的长视频要好。短视频可以在单位时间内取得更好的运营效果，带来更大的收益。

通常来说，短视频具备以下几个显著特点。

- 制作门槛低。以前的视频拍摄是一项需要细致分工的团队工作，个人难以完成，但短视频的出现降低了视频的制作门槛，创作者不需要经过专业训练就可以上手，如图 1-2 所示。对于创作者而言，无论是一个几十秒的生活小片段，还是一个几分钟的工具用法或技能讲解视频，甚至是一个简短的自拍视频都可以上传。

图 1-2

- 时长短。短视频的时长相比传统的长视频要短，基本保持在5分钟以内，如图 1-3 所示。短视频整体节奏较快，内容一般都比较紧凑、充实。

图 1-3

- 内容生活化。短视频的内容五花八门，大多贴近日常生活，创作者可以选择自己感兴趣的内容进行上传，如图 1-4 所示。创作者记录生活中的琐碎片段，或传递生活中实用、有趣的内容，能使观众更有代入感，也更愿意利用碎片化时间去观看。

图 1-4

- 易于传播和分享。随着短视频的热度提高，越来越多的视频平台开始重视短视频领域，类似于抖音、快手这种专注于短视频创作的平台日益增加，如图 1-5 所示。这些短视频平台不仅具备丰富的自定义剪辑功能，还支持创作者将短视频分享到微信、微博等社交平台。

图 1-5

1.1.2　短视频的类型

1. 短纪录片类

国内较早出现的短视频制作团队所制作的内容多以纪录片的形式呈现，制作精良，其成功的渠道运营优先开启了短视频变现的商业模式。

2. “网红” IP 类

“网红”在互联网上具有较高的认知度，庞大的粉丝基数和较强的用户黏性背后潜藏着巨大的商业价值。

3. “草根”搞笑类

以快手为代表，大量“草根”借助短视频风口在新媒体平台上输出搞笑内容，这类短视频虽然存在一定的争议，但是在碎片化传播方式盛行的今天为网民提供了不少娱乐谈资。

4. 情景短剧类

情景短剧以搞笑创意为主，在互联网上有非常广泛的受众。

5. 技能分享类

随着短视频热度的不断提高，技能分享类短视频在网络上也有非常广泛的受众。例如，生活小妙招、摄影技巧、吉他弹奏教程等都属于技能分享类短视频。

6. 街头采访类

街头采访是目前短视频的热门表现形式之一，其制作流程简单、话题性强，深受年轻群体的喜爱。

7. 创意剪辑类

创意剪辑类短视频，或精美震撼，或奇葩搞笑，有的还融入了解说、评论等元素，是不少广告主利用短视频热潮植入新媒体原生广告的一种选择。

1.2 外因：智能手机得到普及

在智能手机普及之前，拍一段视频对普通人来说并不是一件容易的事。随着智能手机的普及与短视频的兴起，越来越多的用户开始走上短视频创作之路，而手机也凭借易上手、功能全面等特点，逐渐取代相机成为短视频拍摄的主要工具，从而开启了“全民短视频”时代。

1.2.1 手机是拍摄短视频的主要工具

在短视频时代，每一个用户都可以成为创作者，每一个创作者都有机会创造价值，而手机逐渐成为拍摄短视频的主要工具。

随着科学技术的蓬勃发展，智能手机已经具有强大的拍摄能力和运算处理能力。目前，一般的智能手机都能拍摄普通 4K、4K 60fps、1080p 60fps 等规格的短视频。对于普通场景的拍摄，4K 能够带来清晰细腻的效果，基本能够满足创作的需求。有些手机还有 F/1.8、F/1.4 的大光圈镜头，在弱光环境下能得到明亮的画面，画面暗部的细节也能够清晰呈现出来。

毫无疑问，手机大大降低了短视频的制作和传播门槛，实现了制作方式的简单化，人们使用一部手机就可以完成短视频的拍摄、制作、上传和分享，手机拍摄示例如图 1-6 所示。目前主流的短视频平台，如抖音、快手等，都提供了现成的滤镜、特效，这让制作过程更加简单，用户可以轻松完成剪辑、配乐等后期工作，从而迅速完成短视频的制作和上传。

图 1-6

巨量引擎发布的《视频社会生产力报告》显示，“Z 世代”（一般指 1995—2009 年出生的人）更爱手机随拍，手机随拍投稿占比达到了 40%。

1.2.2　技术迭代升级让“随手拍”成为可能

手机因为传感器等存在“先天”缺陷而无法与相机的画质相比，但是随着手机影像技术的迅猛发展，各大手机厂商在手机影像的相关硬件和软件方面不断提升技术水平，特别是在手机视频方面，三星 S21 等旗舰机型已经能够拍摄 8K 视频。苹果公司于 2021 年发布的 iPhone 13 系列机型用“电影效果”模式能拍出视频虚化效果，如图 1-7 所示，从而大大提升了视频的质量。

图 1-7

1.2.3 不仅容易拍，还能拍得好

随着硬件性能的提升，用手机拍视频在清晰度方面已经没有太大问题，而最大的难点是如何保证画面的稳定，特别是在拍摄一些跟随或运动的镜头时。

为了保证画面的稳定，不借助其他工具也能拍摄出流畅的画面，手机厂商研发了相应的防抖技术。手机影像防抖技术分为 3 类，分别是 EIS、OIS 和 AIS。

EIS（Electronic Image Stabilization，电子防抖）主要应用于视频拍摄领域，当拍摄者边走边录时，重心的位置不停变换，这样会导致录制的视频画面频繁跳动，观看体验不佳。EIS 技术通过计算相机姿态的变化，对视频画面进行动态裁切，从而让视频画面看起来更稳定。

OIS（Optical Image Stabilization，光学防抖）是通过陀螺仪来获得相机姿态的变化情况的。OIS 技术并不用于裁切画面，而是通过镜片或镜片组的轻微移动来抵消手机抖动对视频画面的影响。OIS 属于物理层面的防抖，相较于 EIS，其功耗小，但是防抖幅度也较小，一般为 1° ~2° 。

AIS（AI Image Stabilization，AI 防抖）是指在传统算法中融入 AI 算法，即在整合 EIS 和 OIS 优点的同时，采用 AI 算法对相机的运动进行估计，得到更加清晰而准确的相机姿态，从而实现更好的视频稳像效果，给拍摄者带来更好的稳像体验。

随着视频拍摄需求的不断增长，除了在手机的防抖性能上下功夫，各大厂商还推出了用于稳定设备的利器——手机云台，如图 1-8 所示。该设备通过电机的反向旋转，来抵消手机抖动对视频画质的影响，从而保证拍摄者能够轻松拍摄出稳定、流畅的视频。

图 1-8

1.3 内因：越来越多样的大众文化

短视频作为互联网媒体“新锐”，呈现出迅猛发展的态势。多年来，短视频的内容类型与功能形态不断迭代。从信息传递到娱人娱己，从生活窍门到艺术普及，短视频呈现出全新的传媒样态和文化景观。依托才艺展示、创意设计、非遗传承等视听体验，短视频引导人们探索丰富多样的文化实践与艺术表达方式；借助音乐、舞蹈、视觉特效等手段，形成沉浸式视听体验特色，开启作为“艺术普及的推动者、美好生活的记录者”的新探索之旅，成为开展网络文娱、艺术普及和生活展示活动的重要方式。

短视频的火爆现象集中体现了当下人们的思想行为习惯，在社会物质文明得到极大发展的今天，每个人都会面对各种各样的信息，生活与工作的双重压力，以及复杂的人际交往环境，人们既害怕被外界看穿，又渴望受到外界的关注。

短视频的内容往往娱乐性强、浅显易懂，加之时长较短，用户往往能够利用碎片化时间观看完整的短视频，所以短视频的内容创作满足了大众的观看需求，更符合现代生活节奏。

1.3.1 短视频是更高效的信息传递方式

互联网信息的传播载体经历了从文字到图片和声音，再到视频的发展过程，信息的表达越直观、丰富，人与人之间沟通的效率越高。

短视频虽然时长短，但是它能够用视觉、听觉语言使信息量最大化。悦耳或炫酷的音乐，赏心悦目或紧张刺激的视频画面，使短视频比传统的文字或图片传播更能给用户带来感官上的刺激和冲击，用户会获得更好、更高效的内容接收体验。一分钟的短视频所承载的信息量，可能是一篇几千字的图文并茂的文章才能够承载的。因此，短视频在一定程度上已经成为更高效、更准确的内容载体。

对创作者来说，短视频有更低的创作门槛，不需要专业的摄影技巧，内容更贴近生活，题材基本无限制，无论何时何地，创作者基本都可以创作出属于自己的短视频。正因如此，短视频有即时性、碎片化的传播特点，能帮助创作者轻松获得满足感。

1.3.2 短视频是记录美好生活的新载体

无论是抖音的口号“记录美好生活”，还是快手的口号“拥抱每一种生活”，无不在强调短视频的记录功能。从这个意义上讲，短视频具有和纪录片类似的功能，即记录时代风貌。

短视频通常是人们捕捉的某些生活片段，如图 1-9～图 1-11 所示，它们呈现了人们对当下生活细致而真实的观察结果。从微观视角来看，短视频记录的只是一些碎片化的内容，但是从宏观视角来看，短视频记录的则是一个时代的整体风貌。

进入短视频平台，用户能够看到一个多元世界，这里有灯红酒绿，也有鸡毛蒜皮；有天南地北的美食美景，也有世界各地的有趣事物；有柴米油盐，也有喜乐悲欢。短视频呈现了人们多姿多彩的日常生活，富有时代气息。

图 1-9　　图 1-10　　图 1-11

1.3.3　短视频是大众的个性化表达方式

短视频的普及不仅影响了人们的娱乐休闲方式，还拓展了人们自我表达的渠道与方式。短视频用户不仅是屏幕外的消费者，还是屏幕内的生产者。

短视频激发了人们的创造力，人们可以自由地用影像表达自我，将一切事物影像化。

烹饪美食类视频体现了人们在生活饮食方面的品位，美容美妆类视频传达了人们对于美的追求，实用技能类视频体现了人们的生活智慧，娱乐搞笑类视频展现了人们在工作之余的解压放松方式。

1.4　变现：短视频的变现模式

短视频行业瞬息万变，但如何变现始终是创作者关心的一个核心问题，创作者也在不断地学习，如图 1-12 所示。如今，抖音、快手、西瓜视频等平台，纷纷推出补贴政策、流量扶持和商业变现计划，抢夺优质的短视频资源。但对于许多短视频团队来说，单靠平台补贴是远远不够的，要实现商业变现，还得从广告、电商等方面入手。下面介绍几种目前主流的短视频变现模式，包括广告变现、电商变现、粉丝变现和特色变现。

图 1-12

1.4.1　广告变现

随着短视频的快速发展，众多商家萌生了以短视频形式进行产品推广的想法，争先恐后地涌入短视频领域，纷纷进行广告投放。商家涌入短视频广告市场，给短视频运营者和短视频平台带来了不少利润。短视频运营者应当把握时机，率先通过创意广告，让观众更容易接受广告内容，同时提高短视频广告的变现效率。这是比较适合新手的一种变现模式。短视频广告大致可以分为以下 3 种。

1. 贴片广告

贴片广告一般出现在视频的片头、片尾或视频暂停处，是随着短视频的播放加贴的一种专门制作的广告，主要为了展现品牌本身，如图 1-13 所示。这类广告通常与短视频本身的内容无关，它们的突然出现往往会让用户感到莫名其妙。如果贴片广告处理得不够巧妙，很容易让观众感到厌烦。

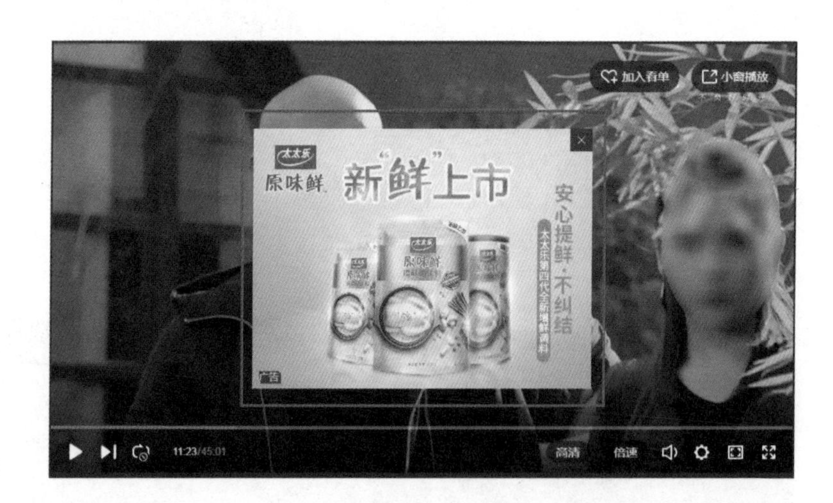

图 1-13

2. 浮窗 Logo

浮窗 Logo 通常是指在短视频播放时出现在边角位置的品牌 Logo。这类广告不仅能在一定程度上防止短视频被盗用，还具备一定的商业价值。观众在观看短视频时，不经意间瞟到角落的 Logo，久而久之便会对品牌产生印象。

3. 在内容中创意植入广告

在内容中创意植入广告是指将广告和内容相结合，成为内容本身。最好的方式就是将商品融入短视频场景，如果商品和场景结合得很巧妙，那么观众在观看短视频时会很自然地接受商品。这类广告不像前两种广告那么生硬，用户接受度较高。

现在，在很多短视频中，用户都可以看到主播在传递主题内容的同时，自然而然地提及某个品牌或拿出一件商品，这种行为也被广大用户亲切地定义为“恰饭”，如图 1-14 所示。如果广告植入得自然且幽默，这其实是用户喜闻乐见的一种形式，部分用户愿意为自己喜爱的主播付费。

图 1-14

对于商家来说，这种广告的成本比传统的竞标式电视、电影广告低，且短视频行业流量可观，用户消费水平高。对于有一定粉丝基础的短视频创作者来说，他们有想法、有创意，有粉丝愿意买单，自然会引得商家纷纷伸出合作的橄榄枝。

1.4.2 电商变现

在短视频浪潮的推动下，内容电商已经成为当前短视频行业的热门发展趋势，越来越多的企业、个人通过发布自己的原创内容，并凭借基数庞大的粉丝来构建自己的盈利体系，内容电商逐渐成为探索商业变现模式过程中的一个重要选择。下面介绍两种主流的电商变现模式。

1. 带货导购

如今，许多短视频平台都推出了“边看边买”的功能，用户在观看短视频时，对应商品的链接会显示在短视频下方，用户通过点击该链接，可以跳转至电商平台进行购买。

以抖音为例，该平台上线了“商品分享”功能，即在短视频左下角放置购买链接，用户点击链接后便会看到商品推荐信息，再点击“去购买”按钮，便可以跳转至淘宝进行购买，如图 1-15～图 1-17 所示。

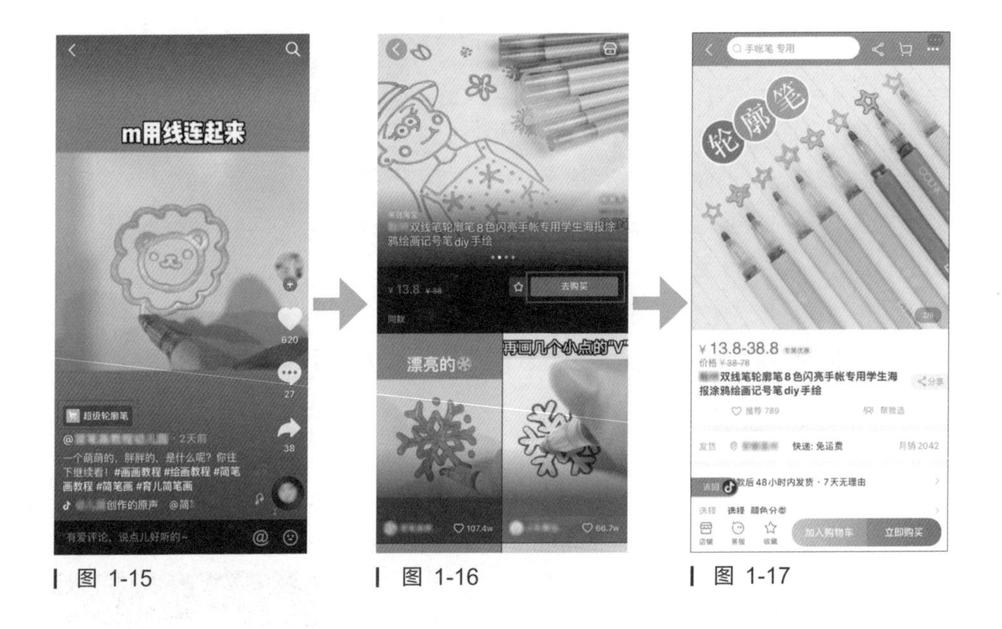

| 图 1-15　　| 图 1-16　　| 图 1-17

2. 直播带货

短视频直播带货是短视频电商变现的另一种模式，即主播吸引黏性较高的用户进入直播间，通过直播的方式推荐商品，引导用户购买，从而获取收益。

以抖音直播间为例，主播在右下角放置商品链接，用户在点击商品链接后可以跳转至相关页面进行购买，如图1-18和图1-19所示。

| 图 1-18　　| 图 1-19

提示

在开通平台电商功能之前，短视频创作者最好提前了解平台的相关准则及入驻要求，避免产生违规交易及操作。图 1-20 所示为抖音平台的“带货权限申请”界面。

图 1-20

1.4.3　粉丝变现

短视频后期的运营应以赢利为主，大家要始终明白有“流量”才会有利润，实现粉丝变现才是王道。很多运营者都会遇到粉丝数量饱和的问题，想解决此问题，运营者可以从内容、互动、推广等方面着手，吸引更多的粉丝。在具备了一定的粉丝基础后，运营者可以尝试从以下几个方面入手，实现粉丝的变现。

1. 直播打赏

直播打赏是网络直播的主要变现手段之一，直播带来的丰厚利润是吸引众多运营者转做直播的原因。

许多短视频平台都具备直播功能，运营者通过开通直播功能可以与粉丝进行实时互动，除了积攒人气，平台的直播打赏功能也为那些刚入门的运营者提供了坚持下去的动力。当前短视频的变现模式主要集中在直播和电商两个方面，一些运营者的短视频质量很高，但是他们不擅长直播，也没有相应的推广品牌，这样容易造成直播变现困难的局面，而直播打赏功能可以解决这一难题。图 1-21 和图 1-22 所示为抖音推出的直播礼物及直播打赏界面。

图 1-21

图 1-22

从运营者的角度来看，在抖音平台收获的抖币可以在直播完成后通过提现来实现转换，这样就达到了通过直播变现的目的。

很多运营者利用平台的直播打赏功能，通过展示才艺获得丰厚的收入。用户打赏一般分为两种情况：一种是用户对运营者直播的内容感兴趣，另一种是用户对运营者传达的价值观表示认同。直播打赏作为变现的一种方式，在一定程度上凸显了粉丝经济的惊人力量。对于短视频运营者来说，想获得更多的打赏，还是应该从直播内容出发，为账号树立良好口碑，尽量满足用户需求，多与用户进行互动交流，从而实现人气的持续增长。

2. 付费课程

通过付费课程赢利也是粉丝变现的典型模式，这种变现模式主要被一些具备专业技能的运营者采用。运营者以视频形式帮助用户提高专业技能，用户向运营者支付费用。

2020 年 2 月 3 日，抖音正式支持用户售卖付费课程。数据平台新抖对 2020 年 2 月点赞量排名前 100 的抖音卖课视频进行了统计，得出了图 1-23 所示的相应占比数据。

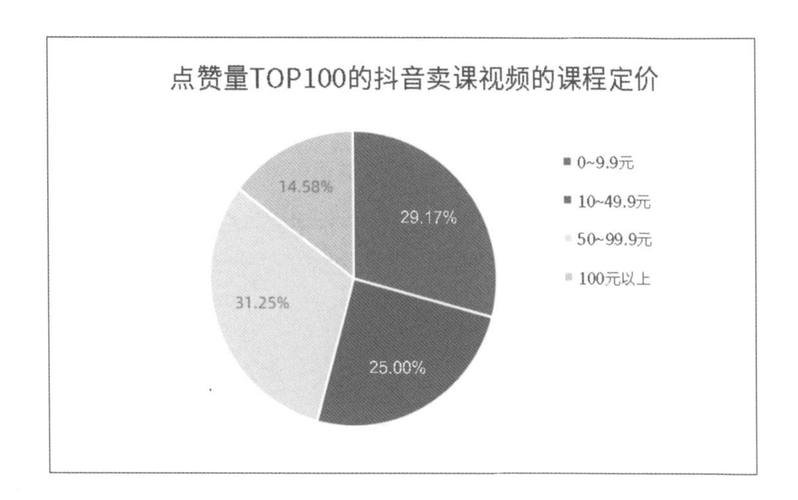

图 1-23

一般而言，线上受欢迎、销量好的课程有以下特点。

- 场景学习。以视频的形式还原知识应用场景，让用户了解学习课程的必要性。
- 门槛低。获赞率较高的卖课视频时长通常在 1 分钟以内，观看门槛低，而且大部分课程的目标用户都是零基础用户。视频创作者在降低理解门槛的同时，还需要让用户看完觉得有收获，愿意进一步购买付费课程。
- 价格合理。低价可以让用户的购买门槛更低，让用户产生“用最少的钱买最有用的知识”的想法，这样有利于销量的增长。
- 课程实用。大部分获赞率较高的卖课视频关联的付费课程都比较实用，对于一些零基础用户来说，技能知识只有“简单、易上手且实用”才会激发其购买欲。因此，课程的包装不宜太专业化，强调课程的实用性才是最重要的。

让用户接受付费课程并非一件容易的事情。运营者要确保用户能从视频中学到知识，所以可以尝试着为课程制定一套完整的体系，为用户阶段性地进行讲解；也可以针对用户的某一需求或难题给出解决方案，有针对性地为用户提供帮助。

1.4.4　特色变现

使自己的变现方式与众不同，有效地将自己的流量转化为实在的收益，成了运营者成功变现的决定性因素之一。除了上述常规的变现方式外，大家还可以尝试从短视频平台提供的条件入手，寻求新的变现方式。

1. 渠道分成

对于运营者来说，渠道分成是初期最直接的变现手段，选取合适的渠道分成模式可以快速积累所需资金，从而为后期其他短视频的制作与运营提供便利。

2. 签约独播

如今，短视频平台层出不穷，为了获得更强的市场竞争力，很多平台纷纷与运营者签约。与平台签约是实现短视频变现的一种快捷方式，但这种方式比较适合粉丝较多的成熟运营者，因为对于新手来说，获得平台青睐并得到签约是一件不容易的事。

3. 活动奖励

为了提高运营者的活跃度，一些短视频平台会开展一些奖励活动，运营者完成活动任务便可以获得相应的虚拟货币或专属礼物。图 1-24 和图 1-25 所示为抖音推出的“百万开麦”活动。

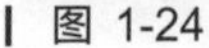
图 1-24

图 1-25

4. 开发周边产品

运营者以前大都依靠用户付费观看短视频或收取广告费来赢利，现在，制作周边产品也成了一种常见的赢利手段。周边产品本来指的是依照动画、漫画、游戏等作品中的人物或动物造型制作出来的产品。现在，在短视频领域，周边产品可以是以短视频的内容为设计基础制作出来的产品。图 1-26 和图 1-27 所示为某短视频账号与某品牌联名推出的周边产品。

图 1-26

图 1-27

想开发周边产品，运营者首先需要做好设计，同时做好产品定位。很多人都做过产品定位，但是真正能做好的没有几个，因为他们大多停留在堆砌信息和套用公式的阶段。在这一阶段，收集到的信息看似非常全面，实际上并没有太大的实用价值。因此，在开发周边产品前，运营者需要先对账号特点进行分析，再对产品进行精准定位。

第2章 好的构思，方能成就好的作品

传统的影视作品制作工序繁杂，通常需要建立一个专业团队来完成，而且拍摄现场人员、设备众多，如图 2-1 和图 2-2 所示，因此该行业是普通人无法轻易涉足的行业。而如今，我们身处短视频时代，通过一部手机便可以制作出影视作品中一些复杂的视觉效果。自 2015 年起，编者就投身手机短视频创作领域，经过不断研究，摸索并总结出了一套短视频创作流程，本章将对其进行讲解。

图 2-1

图 2-2

2.1 如何构思短视频内容

短视频创作的整体流程如图 2-3 所示，主要由内容策划、前期准备和拍摄剪辑 3 个部分组成。

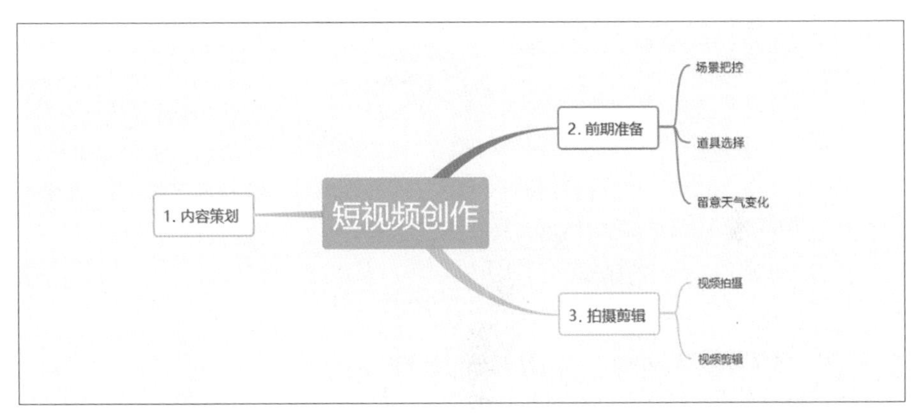

图 2-3

短视频成功的关键在于对内容的打造。如何使短视频在网络上脱颖而出，这不仅涉及短视频题材或主题的选择，还涉及短视频叙事与剪辑的创意技巧。本节将介绍短视频内容创作的一些技巧和方法。

2.1.1 明确选题思路：寻找内容的 5 个维度

如果在拍短视频时没有明确的选题思路，大家可以尝试寻找内容的 5 个维度，如图 2-4 所示。

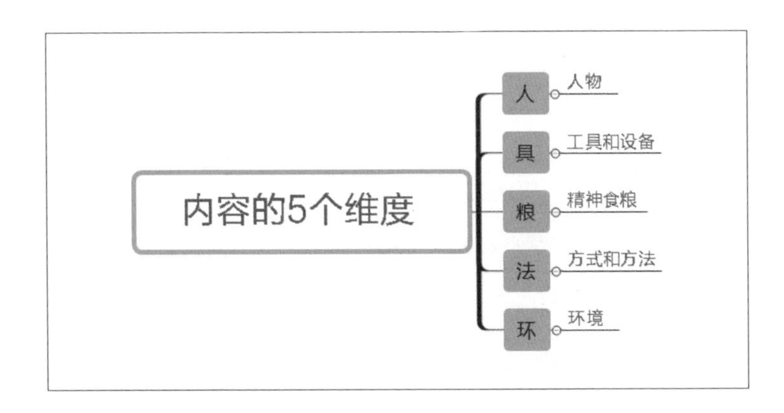

图 2-4

- 人即短视频中的人物。例如，短视频的主角有什么特点？他的身份是什么，是一个刚毕业的大学生，还是一个早出晚归的上班族？
- 具即工具和设备。假设短视频的主角是一位职场人士，那么他平时就会用到PowerPoint、Word、Photoshop、投影仪等符合主角身份的工具和设备，创作者可以基于这些工具和设备进行创作。
- 粮即精神食粮。例如，职场人士喜欢看什么书？喜欢看什么电影？会去参加什么培训？创作者要分析受众群体，了解他们的需求，从而创作出合适的短视频。
- 法即方式和方法。假如短视频的主角是一位职场人士，那么他在职场中会用到哪些人际交往方式呢？例如，怎么与同事交往？怎么与客户沟通？
- 环即环境。不一样的剧情要求有不一样的环境，如果对拍摄时间有要求，那么环境可以为白天或者黑夜；如果对拍摄场地有要求，那么环境的选择就更多了，学校、办公室、餐厅等都可以作为拍摄场地。

2.1.2 构思故事结构：使用 5 种思维方式

如果想拍摄剧情类短视频，那么在明确了选题思路后，就需要开始构思故事结构了。下面介绍 5 种可用来构思短视频故事结构的思维方式。

- 正向思维：就是人们在创造性活动中，按照某些固有规则去分析问题，按事物发展的进程进行思考、推测，是一种从已知到未知，通过已知来揭示未知事物本质的思维方式。使用这种思维方式构思故事一般不会遇到困难，情节发展得很顺利，对于善于讲故事的人来说，可以尝试以这种思维方式构思故事结构。
- 逆向思维：也称求异思维，它是对司空见惯的、似乎已成定论的事物或观点进行反向思考的思维方式。使用这种思维方式设置的结局通常让人意想不到，能给人以惊喜感。
- 对比思维：是通过对比两种相近的事物或相反的事物，寻找事物的异同点，以及事物的本质和特性的思维方式。常见的形式就是在故事中安排两个性格差异较大的角色，形成反差。
- 推理思维：由一个或几个已知的判断推理出新判断的思维方式。
- 联想思维：是指在人脑记忆表象系统中，某种诱因导致的不同表象之间产生联系的一种没有固定思维方向的自由思维方式。这种思维方式通常适用于科幻类题材，会让视频呈现出一定的奇幻感。

2.2 如何选择短视频主题

拍摄主题就是视频作品所要表达的中心思想，这是视频的灵魂，有灵魂的视频作品才有生命力。如果视频主题不明，整个视频就如同一盘散沙，既没有主线，也没有亮点，对观众来说毫无吸引力，这样的视频作品毫无疑问是失败的。

拍摄主题的选择至关重要，只有在选定拍摄主题后，后期的脚本策划、视频拍摄及画面构造等工作才能更好地开展。在创作前夕，大家不妨从以下几个方面着手来选择拍摄主题。

2.2.1 通过市场调查借鉴成功经验

在确定短视频的主题之前，最好先进行市场调查，对数据进行研究、分析，找出那些受大众欢迎的短视频，反复观看并分析主题，找出其亮点及独特之处，借鉴成功经验。

查看市场数据的方法很简单，大家可以通过数据平台“新榜”网站中的“新抖”板块，查看各类短视频的排行情况，如图 2-5 所示。需要注意的是，模仿不等于照抄，创作时一定要融入自己的创意，表明自己的态度与观点。

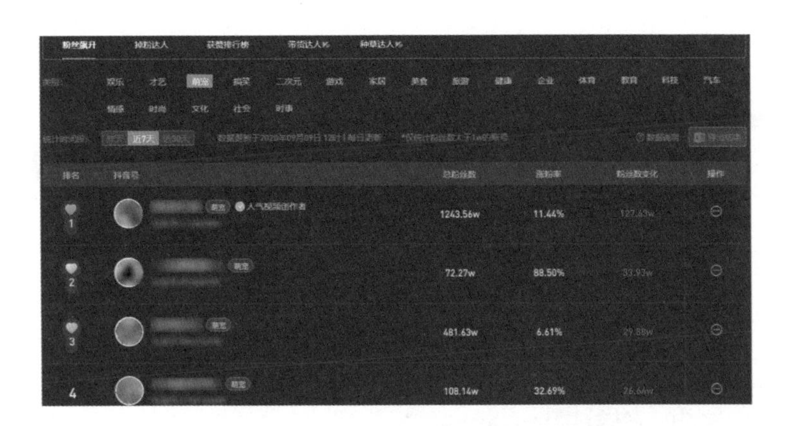

| 图 2-5

2.2.2 挖掘并迎合观众的核心需求

短视频能否被观众接受和喜爱，与其主题有极大的关系。短视频所表达的主题只有满足观众的需求，才会激发观众的观看欲望，并由此获得更多的粉丝，产生更多的流量。因此，创作者要积极关注观众的喜好，要有意识地去挖掘观众的核心需求；要站在观众的角度，沿着观众的行为路径，分析他们的想法和思路，针对他们所做的事情的某个环节来思考他们可能会遇到的问题，以及如何帮助他们解决这些问题。例如，对于爱情、民生、青春、怀旧等主题，不同的群体有不同的需求，创作者只有积极关注大众的娱乐消费行为，迎合观众需求，才能明确短视频的创作主题。

2.2.3 使用交互式主题

在创作短视频时，可以选择一些新颖的主题，采用引导受众参与的方式，来达到更好的交互效果。例如，使用“变废为宝”的主题可以引导受众将家中闲置的物品改成实用的物品，这种实用的技巧类视频更容易达到与受众互动的目的。

除了使用交互式主题，创作者还可以设计一些话题供观众讨论。例如，可以在短视频结尾处抛出问题，引导观众留言、评论。

2.2.4 体现个人特色

短视频创作主题最好符合自己的兴趣爱好，对于自己喜欢的事物，人们往往更愿意花时间去学习和了解，久而久之就能积累大量的素材，这样更有利于持续地输出优质作品。

创作时要形成自己的标签，这样既有利于树立与发展个人品牌，又能为自己提供源源不断的创作动力，激发出更多的创意和灵感，使作品主题充分展现个人特色，加深观众对作品的印象，吸引更多观众的关注。

2.3 如何选择短视频题材

目前，各类短视频题材层出不穷，时尚类、美食类、才艺类等类型的短视频相继出现，如何寻找好的题材成了创作者们首要关心的问题。本节将介绍一些常见的短视频题材，大家可以根据自己的需求选择合适的题材进行创作。

2.3.1 幽默喜剧类

在各大短视频平台中，具有娱乐、搞笑性质的内容往往能引起大多数观众的兴趣，其中很火的一个门类是吐槽搞笑类。“吐槽”是在他人的话里或某件事中找到一个切入点进行调侃的行为。如果短视频中的吐槽元素使用得当，那么它们可以为观众带来极大的乐趣。图 2-6 所示为抖音某账号推出的作品，该作品从日常生活入手，分享闺蜜之间相互吐槽的生活趣事，同时加入一定的搞笑情节，所以该作品一经推出就收获了较高的播放量。

吐槽搞笑类短视频依托的是“吐槽＋搞笑”的思路，目的是给观众带来欢乐。如果想在短视频行业走得更远，就不能单纯地依靠这种思路来打造作品。有些短视频作品会在吐槽搞笑的同时，展现一些社会现象，为观众普及一些知识。图 2-7 所示为某抖音账号推出的短视频作品，创作者总结了日常生活中的琐碎“槽点”，不仅能让观众在一笑之余，发出“这不就是在说我嘛”的感慨，还能帮助观众解决问题。

| 图 2-6

| 图 2-7

2.3.2 知识技能类

知识技能类短视频与幽默喜剧类短视频一样有着庞大的受众群体，其内容多为干货。这类短视频的解说清晰明了，在短短几分钟内就能让观众学到一个技巧，因为技巧的实用性强，所以这类短视频往往能获得较高的转发量与收藏量。

在各大短视频平台中，常见的知识技能类短视频一般分为生活技能类短视频与软件技能类短视频两种。

1. 生活技能类

生活技能类短视频所用的素材多源于生活，这类短视频虽然对观众的吸引力较强，但是被模仿和超越的可能性也比较大。这类短视频的基本诉求是实用，因此在选择这类题材时要注意一些策划要点，如图 2-8 所示。

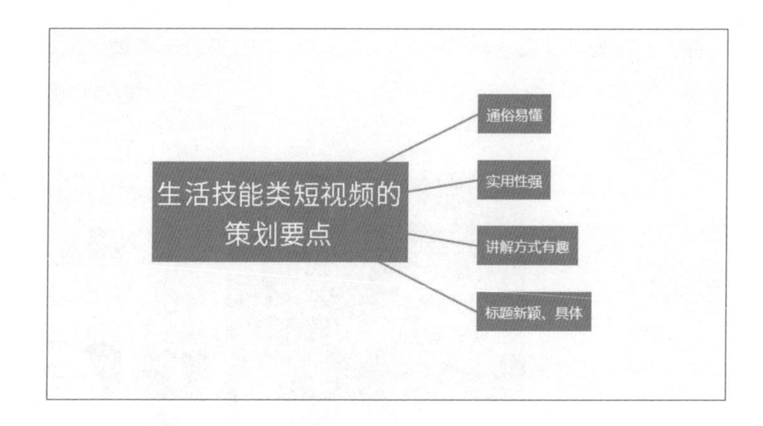

图 2-8

在制作生活技能类短视频时，应当注意技能种类的选取，以及对技能实用性的研究，可以是废物改造技能，如图 2-9 所示；也可以是一道人气美食的制作过程，如图 2-10 所示。观众在点开这类短视频前，一定是希望通过学习该技能，为生活带来便利。如果观众看完后并没有得到帮助，这样的短视频无疑是失败的。

图 2-9　　图 2-10

2. 软件技能类

软件技能类短视频的受众大多是不擅长使用该软件的观众，因此这类短视频在内容的编排上要尽量做到通俗易懂、步骤详细，到关键步骤时，节奏可以适当放慢，如图 2-11 和图 2-12 所示。软件技能类短视频注重实用性，但容易出现严肃沉闷的通病。出于对观众观看体验的考虑，需要对这类短视频进行一定的美化处理，这对创作者的能力有一定的要求。

图 2-11

图 2-12

2.3.3 时尚美妆类

时尚美妆类短视频的目标受众大多是一些追求和向往美的观众，这些观众希望通过观看此类短视频学到一些实用技巧，让自己变美。想拍摄时尚美妆类短视频，创作者自身需要具备一定的审美水平及时尚意识。

一般来说，时尚美妆类短视频可分为技巧类、测评类和仿妆类三大类。其中，技巧类短视频适合化妆初学者或想提高化妆技巧的观众观看，这类短视频要着重展示每一步的化妆技巧，以便观众能轻松地学习和模仿，如图 2-13 所示；测评类短视频的内容往往包括创作者对同类美妆产品的试用和测评过程，以及向对美妆产品了解较少或在购买美妆产品时犹豫不决的观众提供建议，如图 2-14 所示；仿妆类短视频是在学会了一定的化妆技巧后的一种升级尝试，创作者可以按照某位艺人或动漫人物的样子为自己化妆，如图 2-15 所示。

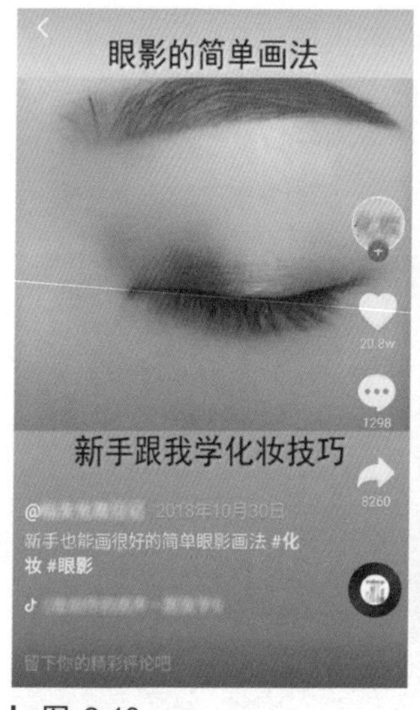

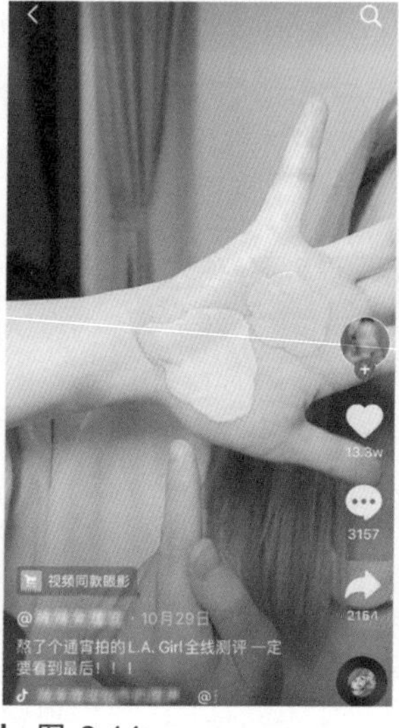

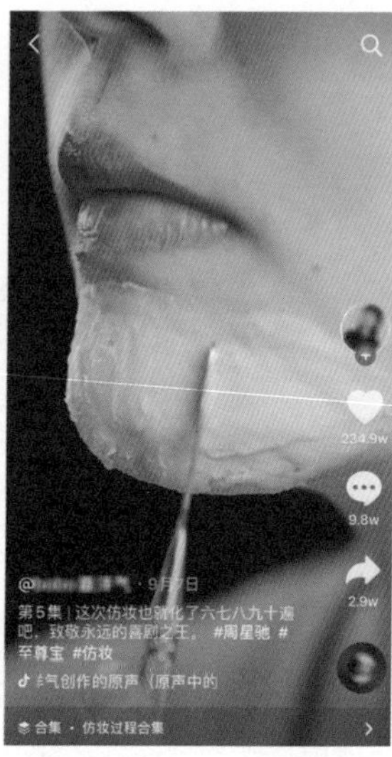

图 2-13　　图 2-14　　图 2-15

2.3.4 美食类

“民以食为天”，美食类短视频受欢迎似乎并不需要什么特别的理由，我国几千年的美食文化注定了美食题材一定大有可为，并且能够确保创作者长时间持续输出优质内容。常见的美食类短视频有以下几种。

1. 美食教程类

美食教程类短视频，简单来说就是教观众一些做饭的技巧，使观众通过短短几分钟的时间掌握一道美食的制作方法，如图 2-16 和图 2-17 所示。

图 2-16　　图 2-17

2. 美食品尝类

与美食教程类短视频不同，美食品尝类短视频的内容更为简单、直接，观众对美食的评价主要来自短视频中人物的表情、动作，以及人物对美食味道的描述，如图2-18和图 2-19 所示。

图 2-18

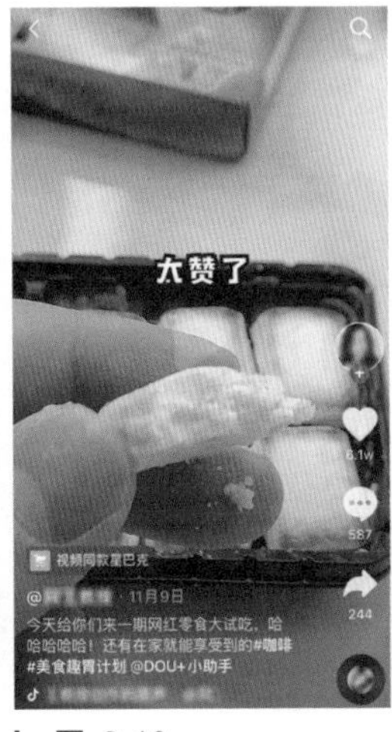

图 2-19

3. 娱乐美食类

短视频对于大众来说主要是空闲时间的消耗品，所以搞笑、娱乐类的内容更容易吸引观众。在抖音平台上，许多创作者将美食与音乐、宠物等元素相结合，如图 2-20 和图 2-21 所示，以轻松、搞笑的方式呈现美食，这样不仅增强了内容的娱乐性和趣味性，还更容易获得较高的播放量。

图 2-20

图 2-21

4. 美食探店类

美食探店类短视频是美食类短视频的一个分支，通常以个人视角点评某个地区或店铺的美食，如图 2-22 和图 2-23 所示。美食探店类短视频在创作初期需要一定的成本，粉丝量较低的账号在运营初期阶段，创作者需要自费走访和拍摄一些有特色的本地美食店铺；粉丝达到一定数量后，则可以考虑与一些本地商家合作，帮商家做短视频营销，商家则提供相应食材或让创作者免费用餐，从而方便拍摄。

图 2-22

图 2-23

2.3.5　旅拍类

旅拍类短视频能很好地展示旅行目的地的真实全貌。在旅途中，创作者可以拍摄自然风光、人文风俗，还可以记录自己的心路历程，展示自己对于当下生活的态度，如图 2-24 和图 2-25 所示。

图 2-24

图 2-25

2.3.6　清新文艺类

清新文艺类短视频的主要受众是文艺青年群体，其内容广泛，与生活、文化、习俗、风景、旅行、情感等息息相关，多给人一种纪录片、微电影的感觉。在视频画面的塑造上，创作者多追求意境唯美、清新淡雅的色调，因此这类短视频极富艺术气息，如图 2-26 和图2-27 所示。

图 2-26

图 2-27

2.3.7　才艺展示类

长久以来，一个人如果有独特的才艺，就能在自己擅长的领域创造出更多的花样，从而激发出人们的好奇心，引起围观，甚至受到追捧。在抖音平台上，书画、传统工艺和戏曲类短视频的播放量较高，如图 2-28 和图 2-29 所示。在创作此类短视频时，创作者需要提高自己的认知水平，要懂人性、会沟通、懂心理，能利用稀缺资源在自己擅长的领域做自己擅长的事情。

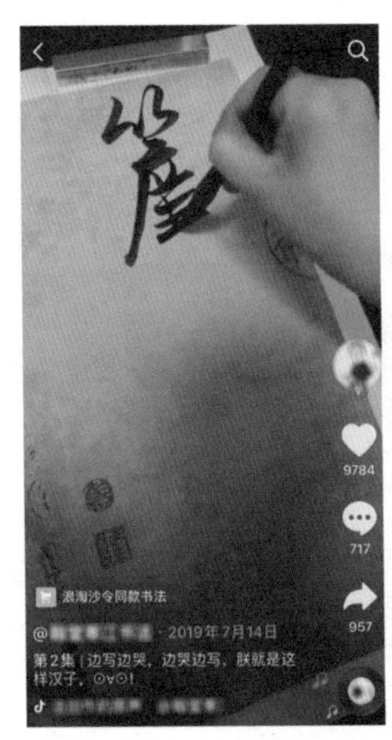

图 2-28

图 2-29

2.4 短视频文案怎么写

一般来说，短视频是红花，文案是绿叶，有时一句好的文案就能把一条短视频推上热门。文案写作的核心目的是调动观众的情绪，让观众产生共鸣。

抖音平台上曾经有一条非常火的短视频：一个人坐在出租车里拍窗外的场景，画面里是呼啸而过的车流、逐渐后退的树木和灰蒙蒙的天空。单就内容来说，这条短视频平平无奇，没有可以吸引人眼球的亮点。但这条短视频配上了这样一条文案："背井离乡来到这座城市已经四年了，还是一无所有。明天又要交房租了，感觉快要撑不下去了。看到的朋友能给我点个赞鼓励一下我吗？"，这样的文案配上车窗外的风景，观众的脑海里立马就能浮现出一个内心孤寂且生活艰难的城市打拼者的形象。成年人的生活都不会太容易，许多人或多或少会产生共鸣，从而发自内心地给这条短视频点赞。

如果说优质的短视频内容可以吸引更多的观众，那文案就是优质短视频的助推剂。下面介绍几类常见的短视频文案的创作方法。

2.4.1 互动类

互动类文案以提问居多。在创作文案时，创作者可以运用疑问句或反问句，或者适当设置一些开放式问题，比如"你会打多少分？""有你喜欢的吗？""你还知道哪些秘密""喜欢第几个评论留言给我"等，如图 2-30 和图 2-31 所示。创作者可以用这种方式引导观众与自己互动，从而提高短视频的评论量。

图 2-30

图 2-31

2.4.2 叙述类

叙述类文案以讲述具有场景感的故事居多，比如"在外打拼的人都不容易""大晚上，还能看到街上很多外卖小哥奔波送餐，突然感到很励志"等，如图2-32和图2-33所示。叙述类文案多以描述故事的形式呈现，给人一种娓娓道来的感觉，很容易触动同类人的内心。

图 2-32

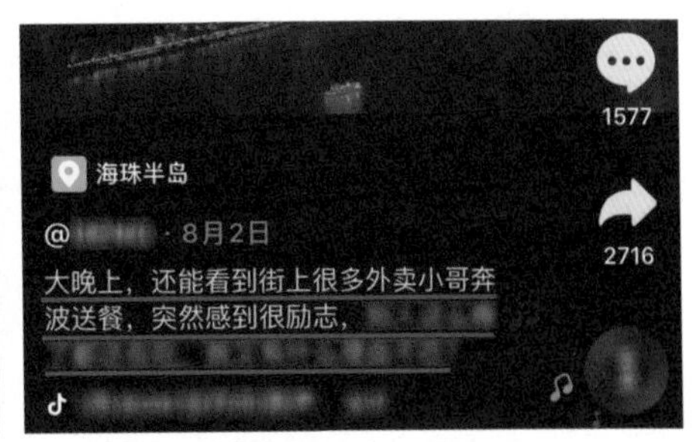

图 2-33

2.4.3 悬念类

制造悬念是影视作品中常用的一类表现手法，如果运用得当，则很容易吸引观众的眼球。在创作短视频中的悬念类文案时，创作者可以设置一些谜题型话语引导观众看完视频，如“一定要看到最后”“最后笑死我了”等，如图 2-34 和图 2-35 所示，这类文案可以引起观众的好奇心，有效提升短视频的完播率。

图 2-34

图 2-36

2.4.4 共谋类

共谋类文案以励志、同情、真善美等主题居多。例如，一些健身类短视频会使用“让你一个月瘦 15 斤不是梦”这类文案，想减重的观众在看到这类文案后很可能受到鼓舞，从而想一直看下去，如果觉得内容适用，就会与创作者一起健身，因此这种文案被称为共谋类文案，如图 2-36 所示。

2.4.5 段子类

段子类文案的场景感较强，比如“人到中年不得已，保温杯里泡枸杞”，大家可以在网上找一些较火的段子当作文案，这样就能大概率吸引观众持续看下去，引发观众的互动。

2.5 如何策划短视频脚本

短视频脚本是拍摄阶段的指导性文件，是短视频大纲，可以确定短视频的整体发展方向和拍摄细节。一切场地安排与情节设置等都要遵从短视频脚本的设计，以免出现拍摄内容与短视频主题不符的情况。短视频脚本的构成要素包括拍摄目的、框架搭建、人物设置、场景设置、故事线索、影调运用、音乐运用和镜头运用等，具体内容如表 2-1 所示。

表 2-1

构成要素	具体意义
拍摄目的	明确拍摄短视频的目的是展示商品、宣传企业，还是记录生活等
框架搭建	搭建短视频的框架，包括拍摄主题、故事线索、人物关系、场景选择等
人物设置	明确需要设置几个人物，以及他们分别扮演什么角色
场景设置	明确在哪里拍摄，如室内、室外等
故事线索	明确剧情如何发展，以及运用怎样的叙述方式来调动观众的情绪
影调运用	根据短视频的主题搭配相应的影调，如悲剧、喜剧、怀念、搞笑等
音乐运用	运用恰当的背景音乐渲染剧情
镜头运用	明确使用什么样的镜头进行短视频内容的诠释

策划脚本是为了更深层次地诠释短视频的内容和主题，好的脚本能成就好的作品。在创作过程中，脚本相当于短视频的主线，它决定了故事的整体发展方向。一般来说，短视频脚本分为拍摄提纲、文学脚本、分镜头脚本 3 类。

2.5.1 拍摄提纲

拍摄提纲是指在拍摄短视频之前，将需要拍摄的内容罗列出来，为短视频拍摄搭建一个基本框架。拍摄提纲一般适用于纪录类和故事类短视频的拍摄。

2.5.2　文学脚本

文学脚本在拍摄提纲的基础上增添了一些细节，因此更加丰富和完善。这类脚本通常会将拍摄中的可控因素罗列出来，而不可控因素则需要创作者在拍摄现场随机应变。因此，这类脚本能优化视频的视觉效果，提升拍摄效率，适用于直接展现画面且不存在剧情的视频。

2.5.3　分镜头脚本

分镜头脚本非常细致，往往包括镜头、景别、拍摄技巧、时间、画面内容、音效等。相较于以上两类脚本，分镜头脚本的创作更耗费时间和精力，每一个画面的细节、每一个镜头的长短都要掌握好，分镜头脚本示例如表 2-2 所示。

分镜头脚本对短视频画面的要求极高，更适用于微电影类短视频的拍摄，由于这类短视频故事性强，而且对更新周期没有严格的要求，因此创作者有大量的时间和精力去策划。使用分镜头脚本既能满足严格的拍摄需求，又能有效提升画面质量。

表 2-2

镜头	景别	拍摄技巧	时间	画面内容	音效
1	从中景到特写	移动	7 秒	从门里向外移动再到门框上方的物品，再拍摄要拿的物品的特写镜头	无
2	特写	固镜	3 秒	主人公踮着脚尖	无
3	中景	固镜	4 秒	主人公踮着脚尖并跳起来拿物品	轻快配乐
4	全景	固镜	10 秒	主人公将凳子放在门的旁边并踩在凳子上去拿物品，最终拿到了门框上方的物品	震撼音效

2.6　短视频拍摄阶段要做些什么

在正式开始短视频的拍摄工作前，读者不妨静下心来思考以下几个问题。

- 第一，所要拍摄的短视频的主题是什么？
- 第二，短视频的总时长是多少，由多少个镜头组成？
- 第三，是否了解拍摄的人物和事件？
- 第四，自身的短视频风格是否与客户要求的风格一致？
- 第五，是否带着剪辑成片的思维去进行拍摄？
- 第六，短视频拍摄和剪辑需要多长时间才能完成？

不用急着回答这些问题，先来看看拍摄前要做的各项工作。

2.6.1　拍摄前需要做什么

拍摄前需要根据短视频脚本采购所需道具，然后着手布置拍摄场景，对参与拍摄的人员进行定妆，并调试拍摄设备的参数及灯光等。将这些准备工作做到位，可以有效提升拍摄阶段的工作效率。

1. 拍摄场景的把控

拍摄场景的选择是影视拍摄工作的关键一环，大多数影视剧组都有专门负责寻找和勘察拍摄场景的副导演或摄影师，短视频拍摄也不例外。对于手机短视频拍摄来说，拍摄场景是决定作品质量的因素之一。

不管是在室内取景还是在室外取景，拍摄场景都应当保持简洁，避免场景中出现无关紧要的人和物。如果拍摄环境不佳，可以使用一些技巧避开杂乱的背景。例如，使用白纸或白布作为背景，这样画面会比较干净。此外，还可以通过仰拍、俯拍等不同的拍摄方式来保持画面的简洁，仰拍不仅可以避开杂乱的背景，还可以把被摄物体拍得很高大，如图 2-37 所示；俯拍则会使画面产生一种空间被压缩的视觉效果，如图 2-38 所示。

图 2-37

图 2-38

2. 拍摄道具的选择

拍摄道具通常可以分为陈设道具和戏用道具。其中，陈设道具是根据剧情需要布置在场景中的固定物体，比如桌椅、柜子、床等家具，主要用于强调剧情或场景，如图 2-39 所示。此外，乐器、纸笔、面具等，还能作为个人展示才艺的道具，如图 2-40 所示。

图 2-39

图 2-40

戏用道具则区别于一般物件和场景中的陈设道具，这类道具会直接参与剧情或和人物动作产生联系。在短视频平台中，一些专注于搞笑娱乐性内容领域的创作者非常善于使用道具制作笑点。

例如，抖音平台上某账号的作品中经常会出现一些巨型道具，它们在带来强烈的视觉效果的同时，还能为观众营造突如其来的喜剧气氛，如图 2-41 所示。另外，该账号还会运用一些戏用道具来修饰人物的造型，在保证故事情节连贯的前提下，配合反转情节渲染氛围，进而深化视频主题，让观众为之捧腹大笑，如图 2-42 和图 2-43 所示。

图 2-41

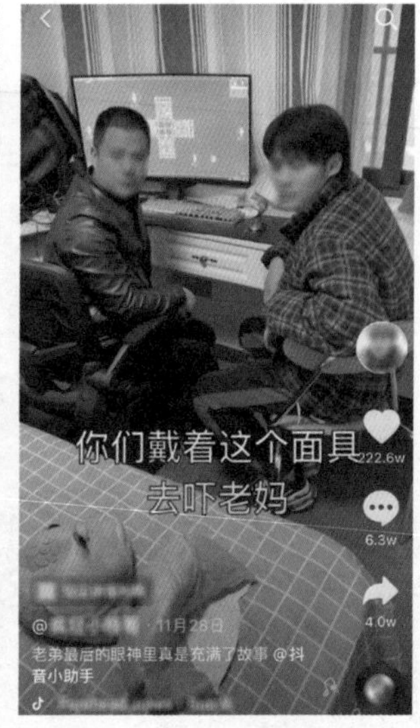

图 2-42

图 2-43

在进行短视频创作时，要善于利用身边的物件为自己的作品营造亮点，一些道具的作用及常用玩法如表 2-3 所示。

表 2-3

类型	道具	作用及常用玩法
才艺展示类道具	吉他、钢琴等乐器	歌曲演奏及伴奏
	面具、头套等	遮挡面部，营造神秘感
	纸笔	展示书法、绘画才艺
	计算机、游戏机等	展示软件操作水平或个人游戏水平
趣味搞笑类道具	人偶服装	穿着人偶服装在街上与路人互动
	打翻的泡面模型	放在桌上吓唬同伴
	宠物	宠物跳舞，做不同的动作
	围巾、毛领等	打造化妆前后有反差的造型
情侣互动类道具	鲜花	装饰场景、用作礼物等
	游戏机	送给伴侣的礼物
	包、口红等	制造节日惊喜
	蛋糕	创意蛋糕装饰、藏戒指

除了上述道具，大家平时还可以多观察生活中的物品，充分调动自己的创意和灵感，可以是一盏灯，也可以是一支笔，试着将它们融入自己的短视频作品，为观众营造惊喜和反差感。

3. 留意天气变化

拍摄短视频前，务必留意当天的天气情况，如果当天的天气与预期的不一样，可以调整拍摄时间，或者顺应天气拍摄不同的画面效果。许多人觉得阳光灿烂的晴天最适合拍摄，这样拍出的影像会很清晰。但是，大家不妨换一个角度思考，有时在雨中或雾中拍摄，也能呈现出晴天无法营造出的光影效果，从而营造一种特有的情调和意境。

雨天的光线来自天空中的散射光，雨天既没有阳光下的强烈反差和阴影，也不会出现顺光拍摄时刺眼的光线，还能表现出一种柔美的画面感，影像的色彩也比晴天拍摄的饱和，如图 2-44 所示。但需要注意的是，由于雨天能见度低，景物的清晰度会有所降低，远景的色彩饱和度也会降低。

图 2-44

在拍摄雪景时，需要增加一定的曝光度，不然视频会曝光不足，画面中的白雪会呈现为灰调。在拍摄大雪纷飞的场景时，最好选择中景和近景，这样能够更好地放大雪花，如图 2-45 所示。另外，大雪通常会模糊景物的特征，因此大场景的雪景在雪后初晴的时候拍摄，效果会更佳。

图 2-45

在薄雾环境下拍摄，最重要的是画面层次感的呈现。在薄雾环境下，景物的色调反差会明显缩小，画面的色调趋近于中间调，如图 2-46 所示。拍摄色调反差小的雾景时，要防止因为曝光不足而丢失阴影部分的细节层次。雾虽然遮住了阳光，但由于对光的反射和折射，测量雾景的曝光度读数会很高。因此，在雾景下拍摄时应适当缩小光圈，避免出现曝光过度的情况。

图 2-46

2.6.2 如何正确引导拍摄对象

对于一些需要人物出镜的剧情类内容，拍摄对象的肢体动作是构成画面张力的元素，而眼神和表情则可以加深内容的感情深度。

短视频中的人物并不一定是专业演员，多数时候创作者都在拍摄身边的人，为的是反映普通人的真实生活。有些人面对镜头时无法随时随地呈现自然的神情和动作，而刻意的摆拍反而会让视频产生一种不自然感。在有剧本的情况下，创作者可以跟对方沟通表演细节，或给对方设置一个情境。如果只想呈现一个生活片段，可以提前与拍摄对象随意地聊天，让拍摄对象呈现出放松的状态，如图 2-47 所示。不要为了表现自己的作品风格而去限制拍摄对象的情绪和个性，有时候拍摄对象自然流露的情感和动作，才是打动观众的关键。

图 2-47

如果拍摄对象仍旧放不开，或者情绪不到位，可以考虑播放相关的背景音乐，引导拍摄对象更好地融入情境。下面介绍一个小技巧：拍摄时可以尝试将焦点放在场景中的其他物体上，使人物面部呈现为半虚化状态，这样即使拍摄对象的表情和动作不到位，也能将观众的视线引导到场景中的其他物体上，如图 2-48 所示。

图 2-48

2.6.3 拍摄完成后需要做什么

在短视频的拍摄工作完成后，千万不要忽视以下两点收尾工作，不然会对后期剪辑工作造成影响。

- 检查素材是否拍摄完毕。参照脚本，核对拍摄的素材，看是否有遗漏，及时查漏补缺。
- 检查素材是否合格。拍摄时由于专注于画面和角色，很容易忽视周边的环境，因此在拍摄工作完成后，应当及时检查素材，看是否出现画质和音质受损或路人入镜等情况。第一时间发现素材的不足之处，才能及时进行补拍修正。

技能演练：短视频拍摄全流程解析

下面编者将结合自身的拍摄经验，为大家讲解短视频拍摄的大致流程。新手可以参照以下流程，在拍摄作品前先尝试创建提纲及脚本，然后在拍摄时根据脚本拍摄相应镜头，最后再进行剪辑，完成短视频的创作。

1 在拍摄前，大家可以去实地考察一番，仔细观察周边有哪些可以利用的场地、景物，如图 2-49~图 2-54 所示，根据环境在脑海里构建出短视频的框架。

图 2-49

图 2-50

图 2-51

图 2-52

图 2-53

图 2-54

2 在考察过程中，可以拿出手机试拍周边的环境，测试当前拍摄场景的曝光值，如图 2-55 和图 2-56 所示，这样做不仅可以提前充分地了解拍摄环境，还能方便大家之后根据测试情况灵活调整参数和拍摄方案。

图 2-55

图 2-56

3 完成上述工作后，编者和团队成员对拍摄流程进行了简单梳理，如图 2-57 所示。

图 2-57

4 在确定拍摄主题后，编者和团队成员根据拍摄需求对人员、拍摄地点、拍摄时间等进行了初步安排，图 2-58 所示为初步确立的某个拍摄日的拍摄通告单。

<table>
<tr><th colspan="7">通告单</th></tr>
<tr><td colspan="3">导演：王乐超
摄影：冠华
制片：毛毛</td><td colspan="2" rowspan="2">《手机短视频拍摄——如来神掌》</td><td colspan="2" rowspan="2">摄制组到达时间：5:30</td></tr>
<tr><td colspan="3">摄影地点：画山云舍、桂花古道 / 寺庙、玻璃田、镰刀湾</td></tr>
<tr><td colspan="3">预计开机时间：6:00
预计收工时间：19:30</td><td colspan="2">9 月 19 日</td><td colspan="2">日出时间：6:24
日落时间：18:40
天气：多云
气温：24~32℃</td></tr>
<tr><td colspan="7">备注：每个场景都用手机拍一张照片</td></tr>
<tr><th>场次</th><th>时间</th><th>内容</th><th>演员</th><th>分镜数量</th><th>道具</th><th>备注</th></tr>
<tr><td>1</td><td>6:00—7:00</td><td>画山云舍</td><td>柏乐</td><td>待定</td><td>无人机</td><td>—</td></tr>
<tr><td>2</td><td>8:00—10:00</td><td>桂花古道 / 寺庙</td><td>柏乐</td><td>29、30</td><td>烟饼 / 打火机</td><td>—</td></tr>
</table>

图 2-58

场次	时间	内容	演员	分镜数量	道具	备注
3	14:00—13:00	玻璃田	柏乐	32	无人机	—
4	17:30—19:20	镰刀湾	柏乐	9、10、33、34	马、无人机	含晚餐时间

图 2-58（续）

5 在确定好拍摄主题后，可以根据拍摄内容拟写旁白文案，这样可以在一定程度上方便大家在实操时把握拍摄的节奏。

6 结合实地环境和文案，尝试编写分镜头脚本，表 2-4 所示为多天拍摄的分镜头脚本，这样可以为后期开展的拍摄工作提供创作蓝图，以确保实际拍摄工作有条不紊地进行。

表 2-4

手机短视频拍摄——如来神掌				
镜号	景别	画面描述	旁白 / 解说词	备注
1	全景	甲天下烟雾弥漫，拍伯乐站在竹筏上缓缓向前漂流，从背后跟拍伯乐	—	—
2	近景	伯乐注视着前方	眼睛是镜头	—
3	全景	航拍正俯拍，伯乐和竹筏的倒影在水中，竹筏缓缓前行	时间是剧本	—
4	远景	伯乐站在竹筏上，竹筏缓缓向前漂流，航拍远景	—	—
5	近景	用飞溅的水花转场	记忆是剪辑	—
6	全景	镜头从浅滩水中升起，远处伯乐伸开手臂仰望天空	根植于心的理想	—
7	近景	伯乐闭眼呼吸，感受天地灵气	—	—

（续表）

镜号	景别	画面描述	旁白 / 解说词	备注
8	全景	镜头贴着浅滩的石块地面向前移动	践行于行的道路	—
9	全景	镜头旋转飞出拍摄镰刀湾	每一步， 看到精彩	—
10	全景	镜头俯拍镰刀湾旋转拉升	—	—
11	全景	镜头向后回旋，从桥洞拉出，伯乐在桥上欣赏风景	静心体悟 时空之轮	—
12	全景	镜头贴着石桥仰拍，伯乐在桥上欣赏风景	—	—
13	远景	前景水中渡船驶入画面，然后转场到兴坪码头	悉心品味 人生百味	镜头转场设计（同景别）
14	中景	阳光洒在渡船里转动的船舵上	—	—
15	近景	伯乐看着渡船外的风景	目光所及之处	—
16	远景	拍摄窗外风景	皆是风景	—
17	近景	伯乐拍摄竹筏上的油灯之后，伯乐陷入思考	心中所想之处	—
18	全景	夕阳下，鱼鹰在吃鱼	皆是故事	—
19	中景	伯乐把手机举到镜头前，镜头从手机摄像头穿梭而进	一部手机 纵横天下事	—
20	中景	镜头抽帧在西街人流中穿梭到伯乐面前	一个镜头 承载万人梦	—
21	近景	镜头抽帧旋转伯乐拿着手机在取景拍摄	五年深耕 小镜头大世界	—
22	—	镜头转场各种以前拍摄的素材	一朝奉献课堂 学员万千	以前拍摄的素材

（续表）

镜号	景别	画面描述	旁白 / 解说词	备注
23	全景	镜头从手机摄像拉出，在竹窗溪雨酒店的向日葵园里，伯乐举着手机在拍摄一位旋转的舞者	镜头内外	—
24	远景	镜头半旋，在竹窗溪雨酒店旁边的稻田，伯乐举着手机跟拍一位向前奔跑的女性	—	—
25	近景	拍摄伯乐专注拍摄时的神情	记录你我	—
26	近景	镜头转场，伯乐举着手机对着远景	—	—
27	远景	镜头航拍九马画山下伯乐举着手机	—	—
28	全景	镜头半旋，在桂花古道，伯乐左右抓拍	—	—
29	全景	镜头俯冲而下，伯乐仰拍寺庙山石	—	—
30	全景	镜头环绕，伯乐在桥上举着手机拍摄	—	—
31	全景	镜头环绕，伯乐在山顶举着手机拍摄	—	—
32	近景	在河滩上，伯乐回眸微笑	—	—
33	远景	镜头从白马慢慢拉开，伯乐矗立在白马旁边仰望天地	我是伯乐， 奔跑的千里马	—

提示

前期拟写的分镜头脚本并不代表最终的拍摄效果，在后期拍摄时，大家可能会迸发出更好的创作灵感，或者看到更好的取景画面或场景，所以大家要根据实际拍摄环境去灵活调整需要拍摄的镜头。

7 在拟写了分镜头脚本后，就可以着手准备拍摄器材，按照拍摄时间规划前往拍摄地点进行拍摄了。对于此次拍摄，编者及团队成员选用了智能手机、航拍无人机、自拍杆等拍摄器材及辅件，同时在拍摄时由于要制造一些特定的烟雾效果，因此也准备了用于制造烟雾的工具，如图 2-59~图 2-61 所示。需要注意的是，大家若有相同的拍摄需求，燃放烟饼时一定要注意自身安全及周边环境安全。

图 2-59

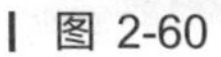

图 2-60

图 2-61

8 在拍摄现场，根据分镜头脚本取景拍摄，大家可以多尝试、多拍摄，在后期剪辑时，多一些镜头就多一些选择。本次拍摄的部分镜头效果如图 2-62~图 2-71 所示。

图 2-62

图 2-63

图 2-64

图 2-65

图 2-66

图 2-67

图 2-68

图 2-69

图 2-70

图 2-71

2.7 拍摄的素材怎么剪辑

完成素材的拍摄后，下一步就是对素材进行剪辑重组，并进行一定的画面加工，使之最终成为一部具有艺术感的作品。很多人认为，剪辑就是随意地将破损的片段或不要的片段丢弃，其实好的剪辑应当让每个片段之间过渡自然，让观众看不到剪辑的痕迹。

2.7.1 剪辑的 6 个要素

剪辑有 6 个要素，分别为信息、动机、镜头构图、手机角度、连贯性和声音，如图 2-72 所示。

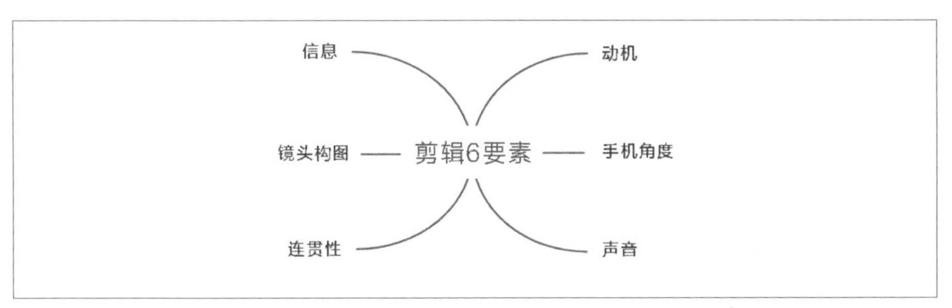

图 2-72

- 信息。信息就是通过镜头呈现给观众的内容，一般分为视觉信息和听觉信息。
- 动机。镜头之间的切换、转场一定是有动机的。比如，画面中的拍摄对象陷入了回忆，此时的镜头就应该切换到回忆的画面。
- 镜头构图。通过调整拍摄主体、周边对象和背景的关系，来获得最佳的构图。
- 手机角度。剪辑时拼接镜头要遵循角度过渡原则。如果将手机角度相同的两个镜头放在一起剪辑，就会导致剪辑点跳跃，这样一来，画面的切换就会不自然，对观众的观影体验造成负面影响。
- 连贯性。剪辑时使画面切换达到平稳连贯的效果。
- 声音。声音剪辑有两个相关的重点概念，它们分别是对接剪辑和拆分剪辑。对接剪辑就是画面和声音的剪辑点保持一致；拆分剪辑是指画面先于声音被转换，保证画面切换更自然。

2.7.2 剪辑素材的基本流程

素材拍摄完成后，首要任务就是甄选素材。在正常情况下拍摄的素材应该比较多，可以直接在手机相册中预览，并且可以将合适的素材直接导入剪辑软件中进行剪辑。

在手机应用市场中，剪映、巧影、快影、VUE Vlog、Videoleap 视频剪辑等功能全面又简单好用的视频剪辑软件的共性在于，它们都具备画面、声音、字幕和转场这 4 个方面的基本功能，这些也是短视频剪辑工作的 4 项主要内容。选择哪一款剪辑软件不是最重要的，掌握素材的剪辑手法才是关键。素材的剪辑工作一般可以概括为以下 3 步。

- 第一步：粗剪，将镜头按照拍摄脚本的顺序，大致摆放在手机视频剪辑软件的轨道区域，形成影片初样。
- 第二步：寻找合适的背景音乐，根据音乐节奏，对镜头的顺序、连接点进行卡点剪辑。
- 第三步：精剪是在粗剪的基础上进行的，目的是通过镜头修整、声音处理等一系列操作来提高短视频的质量。

2.7.3 短视频的包装设计

粗剪完成后，短视频的骨架就搭好了；精剪则使短视频变得“有血有肉”，变得完整。但精剪工作的完成并不代表短视频就全部制作完成了，创作者还需要为短视频“穿上衣服”，也就是对短视频进行整体的包装设计。

包装设计的第一步是调色，即对画面的颜色进行调节，使整个短视频的画面颜色趋于统一。色调能很好地渲染氛围，让观众顺利地融入短视频塑造的情景之中。以拍摄美食类短视频为例，这类短视频的画面色调应该整体偏暖，因为暖色会让观众产生“食物很美味”的感受，如图 2-73 所示。如果画面色调偏冷，尤其是偏绿色，则会让观众产生食物不美味甚至是变质的错觉，从而失去观看短视频的兴趣，如图 2-74 所示。

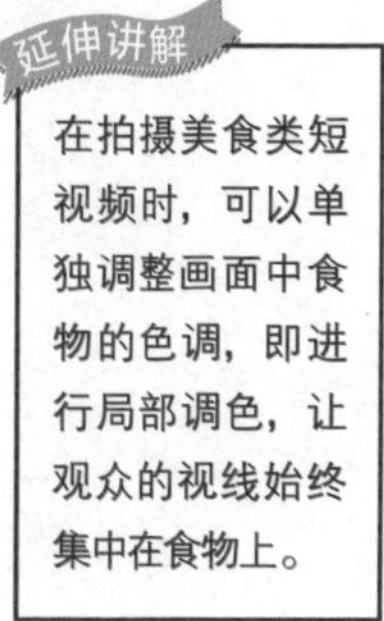

图 2-73

图 2-74

针对一些没有对白或解说的短视频，观众的理解可能会不全面，因此包装设计的第二步——添加字幕就显得尤为重要了。短视频中的字幕除了起到解释内容、帮助观众在特定环境下理解内容的作用，还可以很好地对宠物、静物等进行拟人化。对比图 2-75 和图 2-76，在拍摄猫咪时，如果不配字幕，整个片段看上去较为普通，而如果配上一些搞怪的字幕，则可以使猫咪的表情和动作显得更为生动有趣，惹得观众会心一笑。

图 2-75

图 2-76

短视频的时长一般只有几分钟，这就要求短视频节奏快，能在短时间内传递尽可能多的信息。每个镜头的平均时长在 2 秒左右，为了吸引年轻观众，可以在短视频中添加一些特效，但特效不宜过多，以免喧宾夺主。制作完成后，可以直接将短视频保存至本地相册中，也可以将其上传到各大短视频平台。

第3章 想学拍摄，先熟悉你的手机

随着手机拍摄功能的显著增强，许多过去只能通过专业相机完成的拍摄工作，如今仅凭一部手机就能完成了。传统的相机体积较大，外出携带不便，加之高昂的购置费用，让很多摄影爱好者望而却步；而轻便小巧、功能强大的智能手机，能让大众逐渐从之前的困局中解放出来，转而以一种平和、细腻且朴实的心态去观察和记录生活。

然而，要想使用手机拍出高品质的视频画面，首先还得熟悉拍摄工具，并掌握一些参数设置方法和拍摄技巧。

3.1 挑选适合拍摄短视频的手机

目前市面上的手机品牌众多，功能也各有不同，如何从中挑选一部价格合适、适合拍摄短视频的手机呢？这就需要你根据自己的预算及拍摄需求进行综合考虑。

3.1.1　分辨率

如果对画面清晰度要求较高，那么在选购手机时，首先要查看视频的清晰度是否可达到 4K 分辨率。4K 分辨率属于超高清分辨率，达到这一分辨率的画面看起来非常精细，拥有电影级画质效果。下面分别以华为手机和苹果手机（iPhone 11）为例讲解查看视频分辨率的操作方法。

1. 华为手机

打开华为手机的自带相机，切换至“专业”模式，如图 3-1 所示。点击屏幕右上角的“设置”按钮⚙，进入“设置”界面后，点击“分辨率”选项，如图 3-2 所示，即可查看该机型是否支持拍摄 4K 分辨率的视频，如图 3-3 所示。

图 3-1

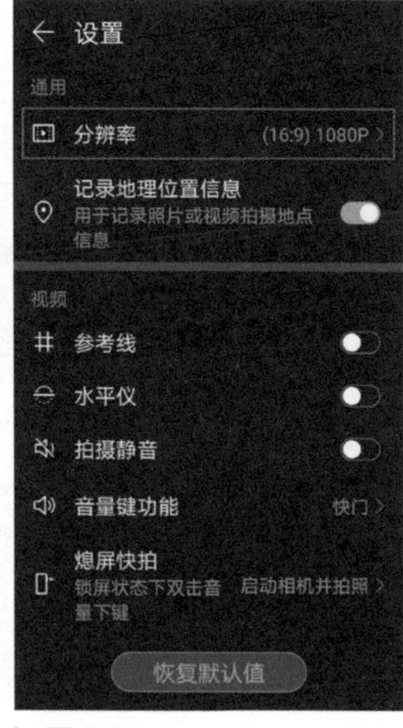

图 3-2

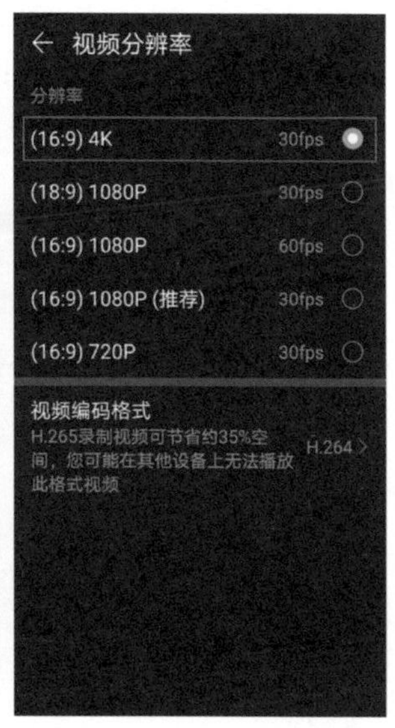

图 3-3

2. 苹果手机

在苹果手机上查看分辨率的方法和在华为手机上有所不同，具体方法如下：首先进入手机的“设置”界面，找到并点击“相机”选项，如图 3-4 所示；进入“相机”设置界面，接着点击“录制视频”选项，如图 3-5 所示；进入“录制视频”界面后，即可查看并设置视频的分辨率，如图 3-6 所示。

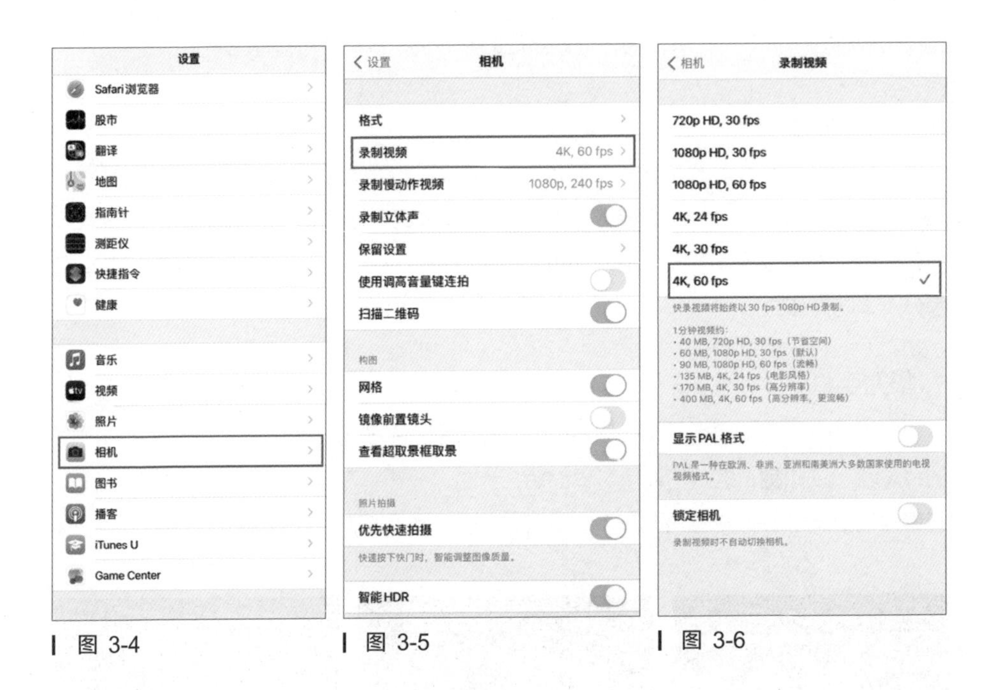

图 3-4　　图 3-5　　图 3-6

> **延伸讲解**
>
> 当下短视频平台播放的视频分辨率大多为 720p，为了保证画面清晰度，除使用 4K 分辨率外，在拍摄短视频时还可以使用 1080p，同样可以拍出高清又流畅的短视频。

3.1.2　运行内存

拍摄短视频之前，还需要查看手机的运行内存，这关系到软件运行的流畅程度。不同手机的运行内存不同，安卓手机的运行内存一般为 4GB 及以上，苹果手机的运行内存一般为 2~6GB。

1. 华为手机

要想查看华为手机的运行内存，可以在主界面中点击“设置”图标，进入“设置”界面，然后点击“关于手机”选项，如图 3-7 所示。进入下一级界面后，即可查看手机的“运行内存”参数，如图 3-8 所示。

图 3-7

图 3-8

2. 苹果手机

苹果手机的运行内存无法在“设置”界面中直接查看，因此需要下载“手机硬件管家”App，如图 3-9 所示。安装并打开 App 后，即可查看手机运行内存，如图 3-10 所示。

图 3-9

图 3-10

3.1.3 拍摄需求

在拍摄短视频前，先问问自己需要拍些什么，如果拍摄的内容多为日常生活片段，那么对于手机的要求可以适当降低一些。市面上价位在 2000 元左右的手机基本可以满足日常拍摄需求；如果平时喜欢用手机记录旅途中的风景、拍摄 Vlog，市面上价位在 3500 元左右的具有防抖功能的手机可以优先考虑；如果想要打造短视频 IP 或进行企业宣传，那就需要精细且高清的画质。此外，拍摄此类短视频在后期需要处理大量素材，工作量较大，对于手机的运行速度要求较高，为了更流畅、高效地工作，在预算充足的情况下可以购买品牌的旗舰机型。

3.2 拍不好短视频？那是因为方法没用对

拍短视频的人大多有这样的困惑：都是用手机拍出来的短视频，为什么别人的短视频质量那么高，点赞率噌噌上涨，自己拍出来的短视频质量却不尽如人意。下面就从几个方面切入，分析短视频拍不好的原因。

3.2.1 新手学拍摄容易忽略的 4 个要点

许多新手在拍摄短视频时存在一定的认知误区，以为拍短视频就是简单地打开手机相机，对准拍摄对象，按下拍摄按钮。拍摄是一门技术，里面蕴藏着大学问，往高了讲，需要掌握构图、光影和景别；往低了讲，得抓稳手机，才有可能拍出清晰、稳定的画面。新手拍不好短视频，不见得是因为设备比不上人家，而是因为一些基础工作没有做到位。下面介绍新手拍摄时容易忽略的 4 个要点。

1. 手机镜头应保持干净

手机的使用频率非常高，但由于没有镜头盖，所以手机镜头非常容易沾上指纹和灰尘。镜头没擦拭干净是短视频清晰度不高的原因之一，所以在拍摄短视频之前，应当先检查镜头上是否有污渍，若有，则应及时用镜头清洁布将镜头上的指纹和灰尘擦拭干净。

有时在温度较低的情况下拍摄，镜头上可能会产生雾气，导致拍出来的画面模糊不清，如图 3-11 所示。在这种情况下，应及时擦拭镜头，将附在镜头上的雾气擦拭干净后才能拍出清晰的图像，如图 3-12 所示。

虽然拍摄出清晰锐利的画面是大部分人拍摄时的首要目标，但有时适当地模糊画面也可以营造特定的气氛，比如透过烟雾或水汽拍摄，或者将玻璃纸、彩色塑料膜挡在镜头前拍摄，可以营造出意想不到的创意效果。

图 3-11

图 3-12

2. 调整手机屏幕亮度

拍摄时，将手机屏幕亮度调高，有助于实时观测到正确的曝光和构图。调整手机屏幕亮度的方法非常简单，无论是安卓手机还是苹果手机，上滑或下滑屏幕，即可打开程序快捷列表，然后对屏幕亮度进行调整，如图 3-13 和图 3-14 所示。

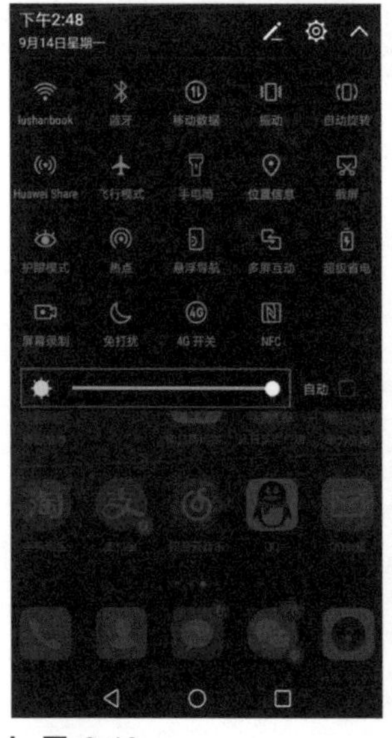

图 3-13

图 3-14

技能精讲：如何正确应对户外强光进行拍摄？

如果在光线很强的户外拍摄短视频，屏幕亮度不够，人看到的拍摄效果将呈现暗黑状态，如图 3-15 所示。此时可以将手机屏幕的亮度调至最高，同时搭配手机防窥膜使用，如图 3-16 所示。

图 3-15

图 3-16

3. 调整分辨率及帧数

下面将讲解几种常见的分辨率及帧数适用的拍摄情况。

- 720p HD，30fps：清晰度较低，不适合拍摄短视频。
- 1080p HD，30fps：当拍摄人物采访题材，且需要手机同步录音时，建议选择该项，该分辨率可以确保人物的口型与声音同步。
- 1080p HD，60fps：如果是手持拍摄，或拍摄人物动作，建议选择该项，这样在后期剪辑时放慢画面不易发生卡顿。
- 4K，30fps：画质与清晰度非常高，在后期处理时可以放大画面重新构图，适合高要求的商业拍摄。

4. 开启自动曝光和自动对焦锁定功能

在使用手机拍摄时，经常会用到手机相机的曝光和对焦功能，这两项功能可以确保拍摄者拍出成像清晰、亮度适宜的影像。但部分新手可能会因为在拍摄过程中手部不稳，或拍摄对象在镜头中的大幅度活动等，难以在拍摄时稳定手机，因此建议大家在完成构图取景后，开启自动曝光和自动对焦锁定功能，这样在拍摄时画面的亮度和清晰度就不会轻易被影响了。

3.2.2　选择什么相机进行拍摄

有些人可能会好奇，买了手机以后，到底是用手机原相机拍短视频，还是下载第三方软件拍短视频。一般来说，使用手机原相机拍出的画面，清晰度和还原度较高，如图 3-17 所示，能给予后期剪辑和调色较大的发挥空间，但由于是直出短视频，用大部分机型拍出的短视频都没有美化效果。

第三方软件的优势，则在于其基于算法给出的效果更好，如图 3-18 所示。但需要注意的是，虽然用许多第三方软件拍出的效果美观，但由于软件自动对短视频进行了一定的美化处理，这样难免会造成拍摄对象细节的丢失。建议大家尽可能使用原相机拍摄素材，同时利用好第三方软件的优势，在后期处理时对素材进行润色和加工。

图 3-17

图 3-18

3.3 华为手机镜头里的小秘密

近年来，华为推出了许多拍摄功能强大的智能手机，可实现诸如大光圈虚化、无损变焦、手持慢门、HDR 等拍摄效果，这主要得益于其强大的后期算法。该品牌推出的一些旗舰机型内置的不同拍摄模式能自动适应不同的拍摄环境。为了让各位华为手机用户能将手机的拍摄功能发挥到极致，本节将着重介绍一些有利于提升画面质量的参数及其设置方法。

3.3.1 运用测光模式

华为手机为用户提供了 3 种测光模式，这 3 种测光模式的原理及各自的应用场景大不相同，这就要求用户在理解不同测光模式的原理的基础上，根据拍摄场景，选择合适的测光模式。

打开华为手机自带的相机后，切换至“专业”模式，点击屏幕下方的“M”选项（“测光模式”）后，可以选择 3 种测光模式，分别为“矩阵测光”、“中央重点测光”和“点测光”。选择“矩阵测光”，可以对整个画面进行测光，如图 3-19 所示；选择“中央重点测光”，虽然会对整个画面进行测光，但更聚焦中央区域，如图 3-20 所示；选择“点测光”，会对测光点周围约 2.5% 的区域进行测光，如图 3-21 所示。

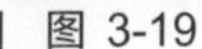
图 3-19

图 3-20

图 3-21

下面介绍 3 种测光模式的不同应用场景。

光线均匀，用“矩阵测光”模式。选择“矩阵测光”模式后，在拍摄时手机会将画面分为多个区域，将不同区域的曝光参数进行平均分配，最终得到一个加权平均曝光参数。“矩阵测光”模式适用于拍摄光线均匀的风光、人物，能够确保画面中绝大部分景物保持正常亮度，如图 3-22 所示。

图 3-22

主体在中间，用“中央重点测光”模式。选择“中央重点测光”模式后，手机会优先考虑位于画面中央的景物曝光是否正常，同时会少量兼顾画面其他区域中景物的亮度。当拍摄主体位于画面中央，且背景较亮时，可使用“中央重点测光”模式，如图 3-23 所示。

图 3-23

使用“中央重点测光”模式时，在拍摄画面不变的情况下，即使对焦与测光圆圈出现在别的区域，对画面的亮度也不会产生太大影响。

要想准确曝光，可用“点测光”模式。选择“点测光”模式后，手机只对对焦与测光圆圈所在的区域进行测光，所以能够确保圆圈所在位置的景物保持正常的亮度。如果拍摄主体与背景的亮度差较大，则适合使用“点测光”模式进行拍摄。比如在强光环境下拍摄逆光人像时，可将圆圈放在人的面部，以确保面部亮度正常，如图3-24所示。此外，在拍摄剪影时，也可以使用“点测光”模式，只需将测光圆圈放在画面中较亮的区域，将对焦圆圈放在拍摄主体上。

图 3-24

3.3.2 实现焦点转移

在一些电影或电视剧中，经常可以看到焦点转移的拍摄手法，即焦点从一个物体转移到另一个物体上，以实现特定的叙事表达或情感表达。如今通过手机，同样可以实现焦点转移拍摄。

当有距离镜头较近的物体可作为前景时，可使用先后点击屏幕上不同物体的方法，实现焦点的转移。打开华为手机的原相机，进入“专业”模式，寻找一近一远两个物体进行拍摄，先点击近处的物体进行对焦，此时近处的物体清晰，远处的物体模糊，如图3-25所示；接着点击远处的物体进行对焦，此时远处的物体变清晰，近处的物体变模糊，如图3-26所示。

图 3-25

图 3-26

3.3.3 对焦与曝光分离

使用华为手机拍摄时，默认曝光与对焦的位置是相同的，即屏幕上黄色圆圈所处的位置。但在拍摄某些特定场景时，曝光与对焦位置的设定会有所不同，比如在拍摄剪影时，曝光位置应设定在较亮的区域，对焦位置则应设定在较暗的区域。

对焦与曝光分离的操作很简单，首先需要点击屏幕确定对焦位置，然后长按黄色圆圈（对焦圈），直到其内部出现一个白色圆圈（曝光圈），如图 3-27 所示。此时移动白色圆圈至新的曝光位置即可分离对焦和曝光，图 3-28 所示为移动白色圆圈至画面中较暗的区域后，画面整体变亮后的效果。

图 3-27

图 3-28

使用对焦与曝光分离功能，可以对背景中较亮的天空进行测光，并对主体人物进行对焦拍摄，图 3-29 所示的黄色圆圈为对焦区域，焦点在人物身上可确保前景清晰；而白色圆圈为测光区域，处于较亮的区域，可确保画面剪影效果突出。

图 3-29

当使用对焦与曝光分离功能时，测光模式会自动变为“点测光”模式，测光区域将变小。

3.3.4 调整白平衡模式

通过调整白平衡模式，可确保影像真实地还原景物在现实中的色彩。比如在晴天拍摄时，影像会出现偏蓝的情况，此时可将白平衡模式调整为“日光白平衡”模式，从而减少画面中的蓝色，还原景物原本的色彩。

打开华为手机的原相机，切换至“专业”模式，点击白平衡图标，如图 3-30 所示，之后可以在展开栏中选择所需的白平衡模式。华为手机为用户提供了自动白平衡、阴天白平衡、荧光灯白平衡、白炽灯白平衡、日光白平衡 5 种白平衡模式，具体介绍如下。

- 自动白平衡：“自动白平衡”模式的准确率非常高，适用于大多数拍摄环境，如图 3-31 所示。
- 阴天白平衡：“阴天白平衡”模式可以营造出浓郁的暖色调，给人一种温暖的感觉，如图 3-32 所示。

| 图 3-30

| 图 3-31

| 图 3-32

- 荧光灯白平衡：“荧光灯白平衡”模式可以营造出偏红的色彩效果，如图 3-33 所示。
- 白炽灯白平衡：“白炽灯白平衡”模式会使画面色调偏蓝，给人一种清凉的感觉，如图 3-34 所示。
- 日光白平衡：“日光白平衡”模式会减少画面中的蓝色，使画面色调偏暖，但效果没有“阴天白平衡”模式营造的效果那样强烈，如图 3-35 所示。

| 图 3-33

| 图 3-34

| 图 3-35

技能演练：调整画面色温

调整白平衡模式实际上就是控制色温，选择一种白平衡模式，实际上是在以这种白平衡模式所定义的色温设置手机相机。比如，选择“白炽灯白平衡”模式，实际上是将手机相机的色温设置为 3000K；如果选择的是“阴天白平衡”模式，就是将色温设置为 6000K。为各类白平衡模式取名，只是为了方便拍摄者记忆与识别。所以，如果想要更精细地调整画面色彩，可以按下面的步骤进行操作，通过设置色温值来调整画面色温。

1 打开华为手机的原相机，切换至“专业”模式，点击白平衡图标，如图 3-36 所示，向左侧拖动滑块，直到出现白平衡模式选项，点击色温图标，如图 3-37 所示。

2 拖动数值参考条，可以选择 2800~7000K 这个范围内的任意整数色温值（部分手机会存在范围差异）。调试时会发现，随着色温值的逐渐增大，画面色调逐渐变暖。图3-38 所示为设置色温值为 3900K 时的效果，图 3-39 所示为设置色温值为 7000K 时的效果。

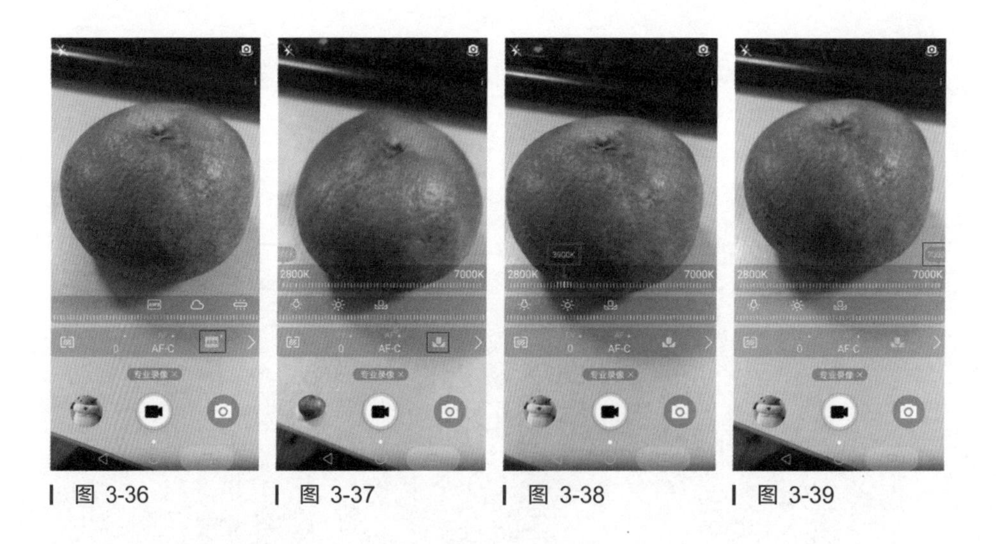

图 3-36　图 3-37　图 3-38　图 3-39

3.3.5 选择拍摄焦距

华为手机可以通过调整焦距来改变拍摄画面的大小。打开华为手机的原相机，切换至“专业”模式，滑动屏幕右侧焦距条上的滑块可以调整焦距，如图 3-40 所示。在视频拍摄过程中，可以通过左右滑动屏幕下方横向焦距条上的滑块来调整焦距，如图 3-41 所示。

在拍摄状态下，用两指在屏幕上做收拢缩小画面的操作或滑动焦距条上的滑块，直至屏幕上出现“0.6×”，可快速切换至超广角镜头；即便拍摄者与拍摄对象之间的距离较近，使用该方法也可以完整呈现拍摄对象的全貌。

图 3-40

图 3-41

3.3.6 启用美颜功能

使用华为手机拍摄人像时，可启用美颜功能，对人物皮肤进行美白，如图 3-42 所示。如果是使用前置摄像头进行自拍，除了可以调整美肤级别，还可以调整瘦脸幅度及肤色。

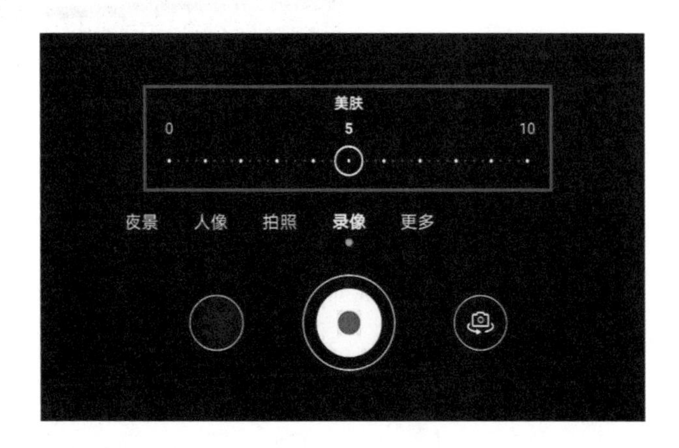

图 3-42

3.3.7 用大光圈拍出虚化效果

在拍摄视频时，切换至“大光圈”模式，可拍摄出唯美的虚化效果，如图 3-43 所示。

图 3-43

打开华为手机的原相机，切换至“大光圈”模式后，点击下方的光圈图标，如图 3-44 所示，滑动光圈数值条上的滑块可以选择所需光圈，如图 3-45 所示。

图 3-44

图 3-45

在单反或微单相机中，光圈是控制光线透过镜头进入机身内感光面光量的硬件，光圈数值是描述通光孔径的比值，比如，F2.8 实际上是指此时相机通光孔径为 1/2.8；同理，F16 指此时相机通光孔径为 1/16，因此 F 后的数值越小，光圈反而越大，如图 3-46 所示。手机因为受到硬件的限制，其相机的通光孔径其实是固定的，之所以能够设置不同的光圈数值，是因为手机可以进行软件模拟，当模拟光圈变化时，照片明暗与虚化效果也会发生变化，并非手机内部的光圈组件在发生变化，这种光圈称为电子光圈。

F22 F16 F11 F8 F5.6 F4 F2.8

小光圈 ←→ 大光圈

图 3-46

3.3.8 掌握慢动作拍摄技巧

生活中很多精彩瞬间往往稍纵即逝，还没来得及回味，就已从镜头前消失。在记录动态画面时，利用慢动作拍摄功能，可以记录下许多肉眼难以察觉的瞬间，比如下雨时雨水一滴一滴地从天空中落下的景象，或者孩子们在玩耍时表情与姿态的细微变化，如图 3-47 和图 3-48 所示。

图 3-47

图 3-48

打开华为手机的原相机，切换至“更多”选项后，在拍摄功能界面中选择“慢动作”功能，如图 3-49 所示。开启“慢动作”功能后，可点击拍摄对象旁的数值框设置慢动作倍数，如图 3-50 所示。

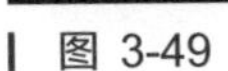

图 3-49

图 3-50

在录制过程中要尽量保持手机稳定，必要时可加装三脚架进行拍摄。将镜头对准处于运动状态的物体，点击拍摄按钮进行录制。录制完成后，可在手机相册中对拍摄的慢动作片段进行编辑处理，如图 3-51 所示。

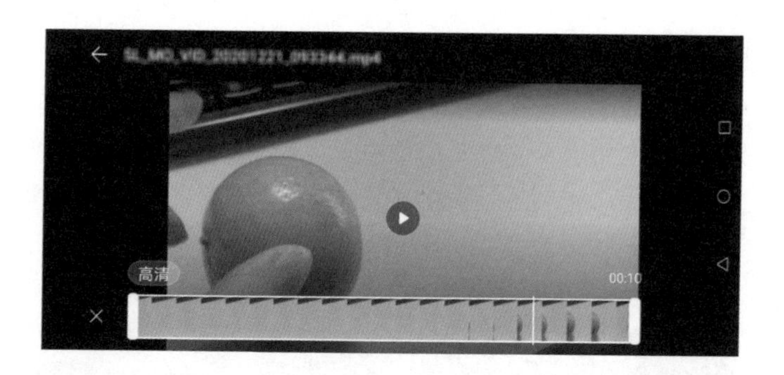

图 3-51

技能精讲：华为手机如何实现高画质文件互传？

在短视频制作完成后，难免想将短视频传送给身边的亲朋好友共同观赏，许多人会选择通过微信发送短视频，但微信对短视频文件的大小有所限制，而且在传输过程中会降低短视频的清晰度。华为手机用户可通过“华为分享”功能来传输短视频文件，这样能确保对方获得高质量的短视频文件。

3.3.9　掌握延时拍摄技巧

延时拍摄也被称为“快动作拍摄”，该功能与慢动作拍摄功能相反，可将长时间录制的影像合成为短视频，在短时间内再现景物的变化过程，图 3-52 和图 3-53 所示分别为使用延时拍摄功能拍摄的城市风光静态画面效果和自然风光静态画面效果。

图 3-52

图 3-53

打开华为手机的原相机，切换至“更多”选项后，在拍摄功能界面中选择“延时摄影”功能，如图 3-54 所示。开启“延时摄影”功能后，可以采用固定机位进行拍摄，也可以采用移动机位进行拍摄。采用固定机位拍摄时，需要注意拍摄场景内移动的对象，比如移动的人群，这样才能体现延时拍摄动静结合的效果。采用移动机位拍摄时，需要准备用于稳定手机的配件，比如视频录制稳定器，这样能保证移动手机录制的延时视频更流畅。当然，也可以通过将手机固定在移动的物体上，来实现类似的效果，比如将手机固定在行驶的汽车中，录制车外景物的延时视频。为了保证拍摄质量，不建议手持拍摄，最好利用三脚架固定手机。

延伸讲解

延时拍摄功能通常用于拍摄城市风光、自然风光等场景，可以用于记录房间内的光影偏移、蓝天中的白云飘动、夜空中的繁星转动等。

图 3-54

3.4 苹果手机也能玩转多重拍摄

相较于其他手机，苹果手机的原相机界面非常简洁。虽说拍摄操作简单，但要想拍出优质的短视频素材，就需要掌握相机的隐藏功能及其使用技巧。

3.4.1 调整曝光和对焦位置

一些喜欢用手机拍摄短视频的人会发现，自己拍出来的画面时亮时暗，成像既不美观，也没有细节，这其实是因为在拍摄时曝光不准确。

打开苹果手机的原相机，点击屏幕上的任意一处，将出现黄色对焦框，当点击屏幕上亮度不同的对象时，对焦框的位置会随之改变，画面的亮度也会相应地发生改变。如果想拍摄出较暗的画面效果，可以点击屏幕上较亮的位置，如图 3-55 所示；若想拍摄出较亮的画面效果，则可以点击屏幕上较暗的位置，如图 3-56 所示。

丨 图 3-55

丨 图 3-56

如果想拍摄出亮度正常的画面效果，需要点击明暗适中的位置，这样画面亮度将趋于平衡，如图 3-57 所示。

丨 图 3-57

在设置了自动曝光和自动对焦锁定后，相机会根据光线的强弱自动调整曝光度，防止拍摄时曝光过度或曝光不足，即使在拍摄视频的过程中移动镜头，曝光和对焦的位置也不会轻易发生改变。比如，当拍摄同一场景时，在未设置自动曝光和自动对焦锁定的情况下，拍摄的画面可能会出现忽明忽暗的情况（暗部细节丢失），如图 3-58 所示；反之，在设置了自动曝光和自动对焦锁定的情况下，不管怎样移动镜头，画面的明暗都将趋于稳定状态，如图 3-59 所示。

图 3-58

图 3-59

苹果手机用户在打开原相机后，切换至“视频”模式，点击屏幕上的任意一处，出现对焦框，长按对焦框 3 秒，将出现“自动曝光 / 自动对焦锁定”提示，如图 3-60 所示。

图 3-60

技能精讲：锁定曝光及对焦后，画面过曝或欠曝该怎么办？

苹果手机在锁定曝光及对焦的情况下，对焦框右侧会出现可用于调节曝光的太阳图标，向上滑动该图标，可增加曝光补偿，画面会变亮，如图 3-61 所示；向下滑动该图标，可减少曝光补偿，画面会变暗，如图 3-62 所示。

图 3-61

图 3-62

3.4.2 通过调整曝光补偿控制明暗基调

大多数手机都提供了曝光补偿功能，通过该功能，用户可以手动控制画面的明暗。增加曝光补偿，可以得到柔和的色彩和浅淡的阴影，使影像呈现轻快、明亮的效果；减少曝光补偿，可以使影像呈现灰暗、厚重的效果。

打开手机的原相机，切换至“视频”模式，点击屏幕对主体对象进行对焦，在默认状态下，对焦框右侧的太阳图标处于中间位置，画面亮度正常，如图 3-63 所示；向下滑动对焦框右侧的太阳图标，减少曝光补偿，此时画面将整体变暗，如图 3-64 所示；向上滑动对焦框右侧的太阳图标，增加曝光补偿，此时画面将整体变亮，画面背景明显过曝，如图 3-65 所示。

图 3-63　　图 3-64　　图 3-65

在拍摄短视频时，用户可以根据内容需求来控制画面曝光度，以得到不同的明暗基调。常见的明暗基调有高调和低调，高调的画面以白色和浅灰色为主，画面较为明亮，给人一种轻松、愉快的感觉；低调的画面以黑色和深色为主，画面较为昏暗，给人一种神秘、压抑的感觉。

3.4.3　调整手机拍摄焦距

打开手机的原相机，切换至“视频”模式。苹果手机默认使用的是广角拍摄模式，屏幕中显示的焦距为 1×，如图 3-66 所示。广角焦距短，视角较宽，景深却很深，比较适合拍摄较大场景，如建筑、风光等。

图 3-66

长按 1× 按钮，可以打开焦距转盘设置不同的焦距。当调整焦距至 2× 时，将转换为标准拍摄模式，如图 3-67 所示。标准镜头的焦距比广角镜头的焦距要长，使用标准镜头拍摄的影像接近人看到的影像，所以能够逼真地呈现出物体的实际形象。

图 3-67

当调整焦距至 6× 时，将转换为长焦拍摄模式，如图 3-68 所示。长焦镜头又称远摄镜头，其焦距比标准镜头的焦距要长。在拍摄远处的物体时，往往无法轻易拉近镜头与拍摄对象之间的实际距离，这时就需要用到长焦镜头，它能很好地表现远处物体的细节。

图 3-68

技能演练：使用苹果手机的隐藏功能轻松拍出大长腿效果

许多喜欢拍照的朋友都想在镜头中展现完美的身材比例，拥有一双让人眼前一亮的大长腿。如今随着手机拍摄功能的不断完善，运用特殊的拍摄技巧就能轻松拍出大长腿效果。下面就以苹果手机为例，介绍如何使用苹果手机的隐藏功能轻松拍出大长腿效果。

1 在拍摄短视频时，将手机倒置，同时将镜头贴近地面，由下往上拍摄人物，如图 3-69 和图 3-70 所示。

图 3-69

图 3-70

2 拍摄完成后，打开本地相册，找到拍摄的短视频片段，点击右上角的“编辑”按钮，如图 3-71 所示。

3 打开编辑界面，单击界面底部的垂直方向校正按钮，如图 3-72 所示。

4 向右滑动底部的调节轨道，即可看到人物身材比例的变化，如图 3-73 所示。

图 3-71

图 3-72

图 3-73

5 通过上述方法修改人物身体比例前后的画面效果如图 3-74 和图 3-75 所示。

图 3-74

图 3-75

3.4.4 录制慢动作视频

在使用苹果手机录制慢动作视频之前，先在主界面中点击“设置”图标，如图 3-76 所示，进入“设置”界面，找到并点击“相机”选项，如图 3-77 所示。

图 3-76

图 3-77

接着在“相机”设置界面中点击“录制慢动作视频”选项，如图 3-78 所示。进入“录制慢动作视频”界面后，可以看到两种分辨率及帧数参数，如图 3-79 所示。其中，“720p HD，240fps”代表 8 倍慢动作，“1080p HD，120fps”代表 4 倍慢动作，使用前者录制的画面比使用后者录制的画面要慢。

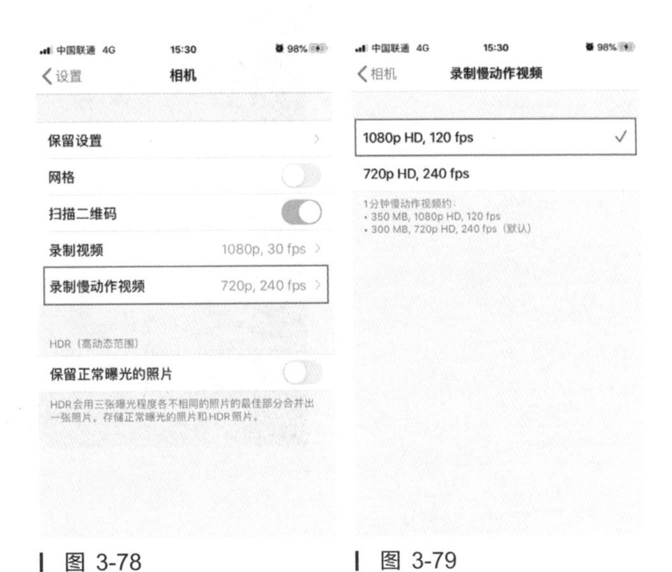

图 3-78　　图 3-79

设置好相关参数后，打开原相机，滑动屏幕切换至“慢动作”模式，如图 3-80 所示，点击下方的红色按钮，即可开始拍摄。在拍摄过程中，还可以点击屏幕下方的白色按钮拍摄静态照片，如图 3-81 所示。

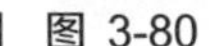

图 3-80

图 3-81

3.4.5 使用“延时摄影”

打开苹果手机的原相机，滑动屏幕切换至“延时摄影”模式，如图 3-82 所示。点击下方的红色按钮，即可进行延时摄影，如图 3-83 所示。

图 3-82

图 3-83

技能演练：延时拍摄空中流云

下面讲解如何使用手机原相机的“延时摄影”模式拍摄天空中流动的云彩。延时拍摄的方法比较简单，这里以苹果手机为例进行讲解，拍摄前需准备一个三脚架，用于固定手机以拍出稳定的画面，具体操作方法如下。

1 首先确定画面构图。拿出手机，打开原相机界面，这时可以透过屏幕找寻合适的拍摄角度。比如本例要拍摄天空，那就可以放低手机，仰拍天空，如图 3-84 所示，画面效果如图 3-85 所示。

图 3-84

图 3-85

2 找好拍摄角度后，安装并调整三脚架至合适的高度，然后将手机加装到三脚架上，如图 3-86 所示。

3 将手机相机切换至“延时摄影”模式，根据实际情况微调画面曝光度，选择合适的对焦位置，使天空中的云彩得到较好的展示，如图 3-87 所示。

图 3-86

图 3-87

4 长按对焦框 3 秒，完成自动曝光及自动对焦锁定。完成一系列设置后，点击拍摄按钮开始拍摄视频，如图 3-88 所示。

5 拍摄一段时间后，再次点击拍摄按钮完成延时视频的拍摄，并对拍摄的延时效果进行查看，可以看到画面中的云彩随时间的推移而快速移动，静态的画面效果如图 3-89 所示。

图 3-88

图 3-89

6 如果想表现建筑局部与空中云彩的关系，可加装手机长焦镜头来缩小画面的景别，如图 3-90 所示，可以看到在手机镜头前加装手机长焦镜头后，画面的景别变小了，建筑屋檐这一局部得到表现。

7 加装手机长焦镜头后拍摄的静态画面效果如图 3-91 所示。

图 3-90

图 3-91

技能精讲：苹果手机如何实现高画质文件互传？

如果是苹果手机用户，则可以通过苹果手机内置的“隔空投送”功能来传输短视频文件，以确保对方获得高质量的短视频文件。

第4章 取景构图，拍好短视频的关键

取景和构图决定着短视频画面的视觉冲击力和美感。本章将主要介绍短视频拍摄的常用取景角度和构图形式。

4.1 掌握 8 种经典构图形式

无论是拍照还是拍短视频，都需要对画面中的景物进行合理摆放，以呈现出和谐且让人感到舒适的画面，这便是构图的意义。构图的形式多种多样，不同的构图形式可以生成不同的画面效果，进而给观众带来不一样的视觉感受。下面介绍 8 种短视频拍摄的常用构图形式。

4.1.1 对称构图

对称构图是指画面中的两部分景物以某一条线为对称轴，在大小、形状、距离和排列方式等方面达到相互平衡的一种构图形式。这种构图形式通常用来表现上下（或左右）对称的画面，在现实生活中就有自身结构对称的建筑，比如鸟巢、国家大剧院等，因此对称构图实际上就是对生活中美的再现，以对称构图表现古典建筑，画面会显得庄严，如图 4-1 和图 4-2 所示。

图 4-1

图 4-2

除了利用景物本身的结构来呈现对称的画面，还可以利用水面倒影形成对称的画面，这样的画面会给人一种协调、平静的形式美感，如图 4-3 和图 4-4 所示。

图 4-3

图 4-4

技能精讲：构图三部曲

学习构图除了要掌握基本的构图手法，还需要掌握一定的构图技巧。这里归纳整理了 3 个步骤，仔细揣摩并掌握这 3 个步骤，可以轻松拍摄大部分场景。

- 第一步：找到一个元素较少的背景，漂亮又简洁的背景可以帮助大家拍出更好的画面效果。
- 第二步：用对称构图及中心构图形式拍摄主体。
- 第三步：利用道具充当前景，在增强纵深感的同时能很好地突出主体，同时利用较深的景深突出环境。

4.1.2　中心构图

中心构图是一种简单且常见的构图形式。将主体放在画面的中心进行拍摄，能更好地突出主体，让观众一眼看到画面的重点，从而将目光聚焦于主体身上，并了解主体想要传递的信息。中心构图最显著的优点在于主体突出、明确，而且画面容易达到左右平衡的效果，如图 4-5 所示。

图 4-5

技能精讲：在什么情况下可以使用中心构图？

如果主体只有一个，就可以采用中心构图形式来拍摄短视频，而且操作十分简单，对技术的要求不高，所以对于新手来说，中心构图是一种极易上手的构图形式。需要注意的是，采用中心构图形式时应尽量保证背景简洁干净，以免喧宾夺主。

4.1.3 线条构图

线条具有导向性，将线条用于构图可以让人感受到不一样的美。常见的线条构图形式有水平线构图、垂直线构图、汇聚线构图、斜线构图、对角线构图、S 形曲线构图等。

1. 水平线构图

水平线构图能使画面产生水平方向上的视觉延伸感，可以增强画面的视觉张力，给人一种宽阔、稳定的感觉。在拍摄时，可根据实际拍摄对象的具体情况安排、处理画面中水平线的位置。在拍摄同一场景时，可以根据画面要表现的重点的不同，采用 3 种不同高度的水平线构图形式。

如果想要着重表现地面上的景物，可将水平线安排在画面上方 1/3 处，即采用高水平线构图，如图 4-6 所示；如果天空中有变化莫测、层次丰富的云彩，可将画面要表现的重点集中于天空，此时可将水平线放置在画面下方大约 1/3 处，即采用低水平线构图，从而使天空的面积在画面中占有较大的比重，如图 4-7 所示。

图 4-6

图 4-7

此外，还可以将水平线放置在画面的中间位置，以均衡对称的画面形式呈现开阔、宁静的画面效果，此时地面与天空各占画面的一半，这样的中水平线构图使画面看起来很平稳，如图 4-8 所示。

图 4-8

延伸讲解

在海边或空旷的地方拍摄，需要采用水平线构图的时候，为避免水平线倾斜，可开启手机相机的水平仪模式。

2. 垂直线构图

与水平线构图类似，垂直线构图能使画面产生垂直方向上的视觉延伸感，可以加强画面中垂直线的力度和形式感，给人一种高大、威严的感觉，如图 4-9 所示。拍摄者可以通过单纯截取拍摄对象的局部来获取垂直线构图效果，使画面呈现出较强的形式美感。

图 4-9

为了获得和谐的画面效果，线条的分布与组成就成了不得不考虑的事情。构图时，注意不要让垂直线将画面割裂。这种构图形式常用来表现树林及高楼林立的画面，比如，利用垂直线构图来表现树林，可以表现其旺盛的生命力，使画面具有形式美感，如图4-10和图4-11所示；利用垂直线构图表现城市建筑，可以将其高耸入云的气势表现得极好，如图4-12和图4-13所示。

图 4-10

图 4-11

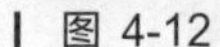

图 4-12

图 4-13

3. 汇聚线构图

汇聚线构图能有效引导观众的视线及注意力，使其聚集在画面中的某个点或某条线上，形成一个视觉中心。汇聚线构图不仅对视线具有引导作用，而且可以大大加强画面的视觉延伸感，增强画面的空间感。

由于画面中相交的透视线所形成的角度越大，画面的空间感越显著，因此拍摄时所采用的镜头、拍摄角度等都会对画面的透视效果产生影响，例如，镜头视角越广，则可以将前景尽可能多地纳入画面，从而加大画面最近处与最远处的差异对比，进而获得更强的画面空间感。利用手机镜头的广角效果表现建筑，形成透视牵引线，可以增强画面的空间感，如图 4-14 和图 4-15 所示。

图 4-14

图 4-15

4. 斜线构图

斜线构图能使画面产生动感和视觉延伸感。另外，斜线构图打破了画面中的线条与画面边框相互平行的均衡形式，使画面产生势差，从而使斜线部分在画面中得以突出和强调。

拍摄时可根据实际情况，刻意将在视觉上需要延伸或者强调的拍摄对象处理成画面中的斜线元素。比如，以斜线构图表现海面上的浮桥，可使画面具有较强的视觉延伸感，如图 4-16 所示；以斜线构图表现建筑，既可以凸显其造型，也能为画面增添动感，如图 4-17 所示。

图 4-16

图 4-17

延伸讲解

使用手机拍摄时，握持姿势较为灵活，为了使画面中出现斜线，可以斜着拿手机进行拍摄，使原本水平或垂直的线条在取景画面中变成一条斜线。

5. 对角线构图

对角线构图就是将主体安排在画面的对角线上。这种构图形式会使画面产生立体感、延伸感和动感，不仅能够很好地利用画面对角线的长度，还能使主体和陪体之间产生一定的视觉关系，如图 4-18 所示。对角线构图往往针对的是某一特定的景物，比如在拍摄建筑时，利用对角线构图的特性，可以更好地吸引观众的视线。

图 4-18

6. S 形曲线构图

S 形曲线构图是调整拍摄角度，使拍摄对象在画面中呈现 S 形曲线的构图形式。画面中存在 S 形曲线，其弯曲所形成的线条变化，能够使观众感到趣味无穷，这也正是 S 形曲线构图的美感所在，如图 4-19 所示。如果拍摄的是女性人像，也可以利用合适的摆姿，使其在画面中呈现漂亮的 S 形曲线，如图 4-20 所示。

图 4-19

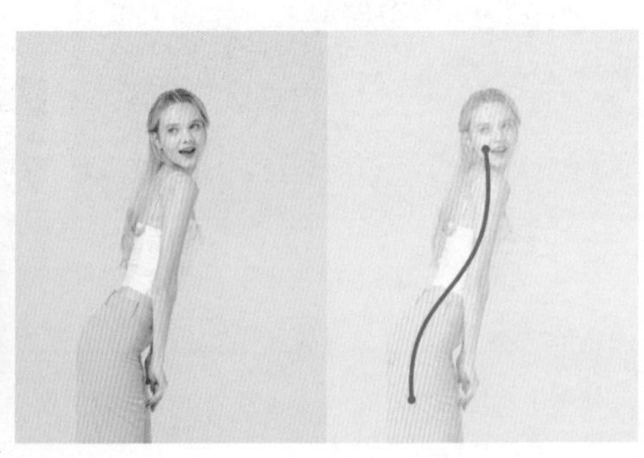

图 4-20

4.1.4　残缺构图

残缺构图也称为不完整构图，主要用于表现拍摄对象的局部，这种构图形式和常规的构图形式不同，它会给观众带来全新的视觉体验和视觉冲击力。在拍摄女性时，可以重点拍摄其眼睛、嘴唇或头发等部位，这些细节可以让画面产生一种朦胧美，凸显人物的个性及神秘感，如图 4-21 和图 4-22 所示。

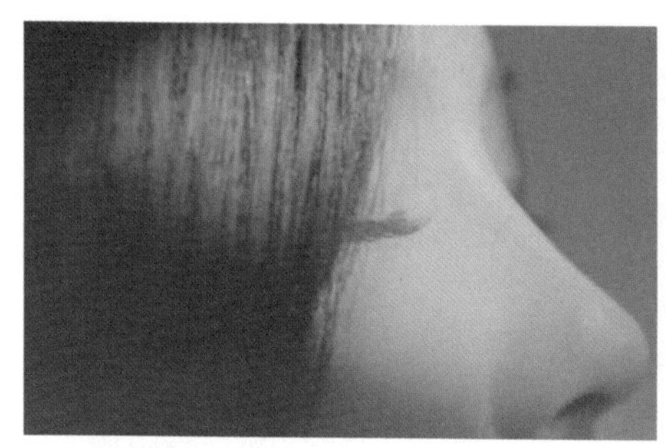

图 4-21

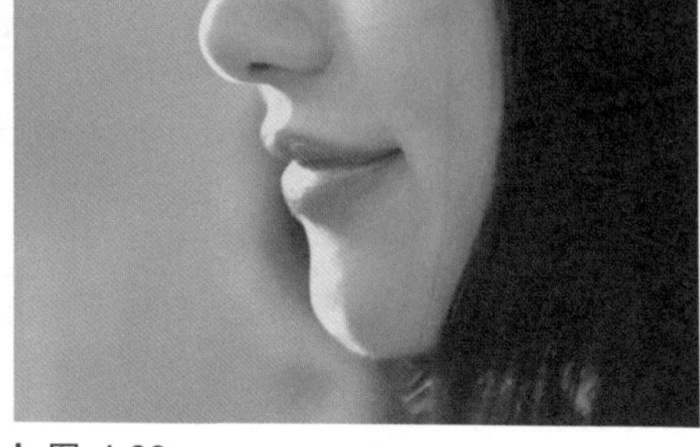

图 4-22

4.1.5　倾斜构图

倾斜构图是指主体与其他相关陪体元素以一定的倾斜角度呈现在画面上，采用这种构图形式的画面往往会给观众带来一种失去平衡的特殊感觉。倾斜的画面会产生不稳定的视觉效果，比如，在观看如图 4-23 所示的画面时，主体自身的运动方向和倾斜感会影响观众的视觉感受，飞机的头部向上倾斜会让人感觉飞机正在快速爬升；汽车的车头向下倾斜给人一种强烈的速度感。

图 4-23

4.1.6 前景构图

前景构图是指利用主体与镜头之间的景物进行构图。前景构图可以增强画面的层次感，它一般分为两种拍摄方式，一种是将主体作为前景进行拍摄，如图 4-24 所示，将主体——花直接作为前景进行拍摄，可使其更加清晰醒目，背景则做虚化处理，从而增强画面的层次感。

图 4-24

另一种就是将主体之外的部分景物作为前景进行遮挡拍摄，如图 4-25 所示，拍摄时利用器材作为前景，可以有效增强观众身临其境的感受，此刻观众仿佛就是摄影师。

图 4-25

4.1.7　角度构图

角度构图可以按照拍摄方向和拍摄高度进行划分。按照拍摄方向可以分为正面角度构图、侧面角度构图、斜侧面角度构图和背面角度构图；按照拍摄高度可以分为平角度构图、仰角度构图、俯角度构图和顶角度构图。

1. 正面角度构图

正面角度拍摄可以体现主体的主要外部特征，可以毫无保留地再现主体正面的全貌或者局部，如图 4-26 所示。

图 4-26

2. 侧面角度构图

侧面角度拍摄是指从主体的正侧面进行拍摄，它往往可以用于勾勒物体的轮廓线，强调动作线、交流线的表现力，如图 4-27 所示。

图 4-27

3. 斜侧面角度构图

斜侧面角度主要是指介于正面角度与侧面角度之间的角度。其中，背斜侧面角度用得较少。斜侧面角度既能表现主体正面的特征，又能表现主体侧面的特征，使主体形象更为丰富，如图 4-28 所示。

图 4-28

4. 背面角度构图

背面角度拍摄即从主体的背后进行拍摄。在拍摄方向的 4 种角度中，背面角度是一种较少被采用的角度，它往往能产生特别的效果，给观众的想象空间比较大，可以引发观众思考，如图 4-29 所示。

图 4-29

5. 平角度构图

平角度拍摄即摄像机镜头在与主体处在同一水平线上的情况下进行拍摄，这个角度符合人们的视觉习惯，如图 4-30 所示。

图 4-30

6. 仰角度构图

仰角度拍摄即手机镜头处于视平线以下，由下向上拍摄主体，如图 4-31 所示。

图 4-31

7. 俯角度构图

俯角度拍摄即手机镜头处在正常视平线之上，在高处向下拍摄主体，如图 4-32 所示。

图 4-32

8. 顶角度构图

顶角度拍摄即手机镜头近乎垂直地自上而下拍摄主体，如图 4-33 所示。在日常生活中，人们鲜有自上而下近乎垂直的视觉体验，因此顶角度在日常拍摄中用得较少。这种角度可以改变人们在正常观察景物时看到的情形，画面各部分配置有较大变化，画面效果比较奇特，视觉冲击力较强。

图 4-33

4.1.8　对比构图

对比构图可以将观众的注意力吸引到主体上，以突出画面重点。任何一种差异都可以形成对比，如冷暖、大小、疏密等。下面介绍几类常用的对比手法。

1. 虚与实

观众在观看短视频时，通常会将视线停留在比较清晰的对象上，对于较模糊的对象，则会自行忽略。虚实对比的手法正是基于这一原理，即让主体尽可能清晰，让其他对象尽可能模糊。在拍摄人像、花卉时，通常使用虚实对比的手法来突出主体，以拍出唯美、梦幻的效果，如图 4-34 所示。

图 4-34

虚实对比还有其他形式。比如，将主体看作“实”，将主体的影子看作“虚”，如图 4-35 所示。

此外，还可以将深色的景物看作“实”，将浅色的景物看作“虚”。比如，在风光摄影中，山峦之间云雾缭绕，颜色相对较深的山为“实”，颜色相对较浅的雾则为“虚”，这样一来就能形成虚实对比，如图 4-36 所示。

图 4-35

图 4-36

2. 动与静

将运动的主体放在静态的背景前进行拍摄，可以让主体更为突出。如图 4-37 所示，正在跨越砖墙的人与静止的砖墙形成了鲜明的动静对比，观众的视线会自然而然地被运动幅度较大的人物所吸引，整个画面看上去既生动又有趣。

图 4-37

3. 疏与密

疏密对比构图是指画面中既有疏的部分，也有密的部分，并且二者紧密地关联在一起，从而强化了视觉跳跃感。疏密对比可将画面鲜明地分为两大部分，使画面更有条理，如图 4-38 所示。

图 4-38

4. 冷与暖

采用冷暖对比构图形式的画面，其主色调为冷色调（偏蓝色调）与暖色调（偏黄色调），这样的画面具有强烈的视觉冲击力。蓝色属于冷色调，当冷色调在画面中占据较大的比例时，画面就会让人感到冷清、萧条。如果在以蓝色为主色调的画面中加入一点黄色或橘色，就会使画面温暖起来，如图 4-39 所示。

图 4-39

5. 大与小

利用近大远小的透视规律，让主体离镜头近一些，让陪体离镜头远一些，这样主体在画面中所占的比例较大，会显得更为突出，如图 4-40 所示。

图 4-40

针对主体在画面中较小的情况，大小对比构图的重点在于：主体虽小，但一定要处在视觉中心。在图 4-41 中，人物与白马为主体，在画面中所占的比例虽较小，但由于二者处于视觉中心，所以观众依旧会被主体所吸引。

图 4-41

大小对比对风光摄影而言极为重要，尤其是在拍摄海平面、平原、沙漠等空旷地区的全景照时，需要以特定景物的“小”衬托出画面的“大”；在空旷的画面中加入景物作为尺寸参照，不仅能增强画面的纵深感，使全景风光更具磅礴气势，还能加深观众对画面空间感的体验。

4.2 如何让你的短视频变得更有美感

短视频创作离不开构图，但构图不是生搬硬套某种模式，只有掌握其中的艺术规律，方能在创作的道路上驰骋。构图会影响作品的质量，要想拍好短视频，除了了解构图的基本规律和方法，还要避免陷入一些误区。

4.2.1 避开杂乱的环境

杂乱的环境会导致画面主体不突出、主次关系不明确，因此在拍摄时要有意识地避开杂乱的环境。除了使用仰角度、俯角度等不同的角度进行拍摄，还可以使用其他方法来解决环境杂乱的问题，比如，人为地使背景过曝、欠曝或使背景虚化等。

要想使画面看起来简洁，背景越简单越好。由于手机不能营造较浅的景深，所以背景不可能虚化得非常明显，为了使画面看起来干净、简洁，最好的办法就是选择简单的背景，可以是纯色的墙壁，也可以是结构简单的家具，或者是内容简单的装饰画等。背景越简单，主体在画面中就越突出，整个画面看起来也就越简单明了，如图 4-42 所示。

图 4-42

如果无法避开杂乱的环境，可以用调整曝光度的方法来达到简化画面的目的。根据背景的明暗情况，可以考虑使背景过曝呈一片浅色，或欠曝呈一片深色，如图 4-43 所示。此外，利用朦胧虚化的背景，可以有效地突出主体，如图 4-44 所示。

图 4-43

图 4-44

利用华为手机的大光圈模式，可以拍摄出自然虚化的效果，从而起到简化背景的作用；使用普通模式，则可以近距离拍摄主体，并且拉大主体与背景之间的距离，从而营造出虚化效果。

4.2.2 找准画面主题

刚接触短视频创作的新手，通常希望把看到的景物全都拍进画面，生怕错过任何细节。但如果将看到的景物全部拍进画面，短视频就会显得杂乱无章，从而导致观众在短时间内根本无法得知创作者的意图。

图 4-45 所示的画面中元素较多，很容易模糊画面主题。因此在拍摄短视频时，应去掉一些不必要的元素，让观众一眼就能看清短视频想要表达的主题。

图 4-45

4.2.3 主体过大，比例失调

一般人会认为主体在画面中所占的面积比例越大越好，所以会近距离拍摄主体，直到画面放不下为止。将主体拍摄得过大，会导致主体完全遮挡要交代的环境。在图 4-46 中，花在画面中占据了较大的面积，背景被完全遮挡，画面中的景物就如同贴在观众脸上一般，令人感到非常压抑、透不过气来。

图 4-46

拍摄时，可以将主体安排在画面中的黄金分割点或三分线所在的位置，留出适当的空间给背景，使主体自然地存在于环境中。图 4-47 所示的画面空间感很强，留白较多，人物刚好位于辅助线交点（又称“视觉焦点”）上，较为突出。

图 4-47

技能精讲：学会用辅助线

在实际拍摄中，一般将人物放在九宫格的左右两条直线或者 4 个黄金分割点上。在开始拍摄之前，先思考将主体放在哪个点上会突出。新手在用手机拍摄短视频时，可以打开九宫格辅助拍摄，同时要记住，横持手机取景会更为合适、方便。

4.2.4 行之有效的“减法”

下面归纳了几种拍摄“减法”，掌握这些“减法”可以进一步帮助大家拍出简洁且美观的画面。

- 基本减法。基本减法是把和主体没有任何关系的一些对象全部去除或者去除一部分，将主体凸显出来。
- 色彩不宜过多。在拍短视频的时候，应尽量保持主体的色彩，或者将色彩保持在 3 种左右。画面中的色彩不宜过多，这样能使画面显得较为纯净。
- 留白。不管留下什么对象，首先要明确主体和其他对象的关系，这样能使主体与环境的关系变得更为紧密。
- 景别减法。一般通过仰拍或特写表现的画面会很干净、通透。
- 距离减法。当焦点在近距离的对象上时，背景就会虚化，这样一来画面的主次关系就很清晰了。
- 光线减法。明暗对比可使主体更加突出，同时要适当降低曝光度，减少杂乱感。
- 二次构图。假设在画面的 4 个角上有一些杂乱的对象，通过二次构图将杂乱的对象裁掉，画面将变得整洁干净。但二次构图并不适用于所有情况，如果整个背景都很杂乱，那么即使使用二次构图的方法也不可能使画面变得很好看。拍摄和剪辑一样，切忌贪多、贪全。

4.2.5 善用景别“讲故事”

简单来说，景别就是拍摄主体在画面构图中的比例关系，也指镜头中所包含的画面范围，以常用的几种景别为例进行对比展示，如图 4-48 所示。对于创作者来说，要善于运用景别“讲故事”，这样拍出的作品才会有“灵魂”。

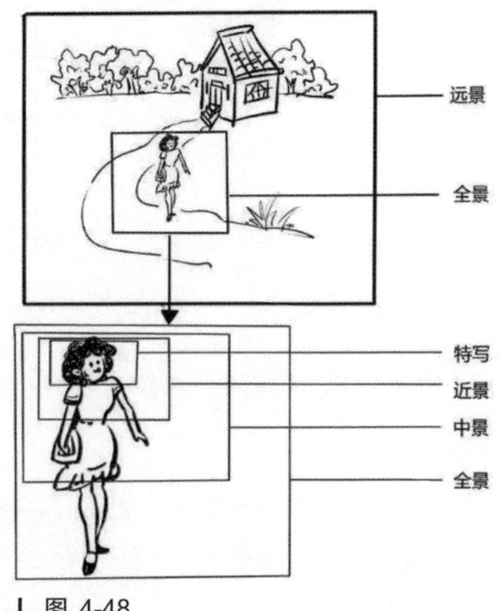

图 4-48

以人物为例，景别一般可分为 7 种，由远及近分别为大远景（人物极小，用于突出环境）、远景（人物所处的环境）、全景（人物全身及周围环境）、中景（人物膝盖以上）、近景（人物胸部以上）、特写（人物肩部以上）、大特写（人物的面部细节）。

1. 大远景

在大远景中，人物在画面中所占的比例极小，机位远，环境占主要地位。大远景一般用来表现广袤无垠的空间，给人以气势磅礴的感受，如图 4-49 所示。

图 4-49

2. 远景

远景是一种视距较远、表现空间范围较大的景别。远景画面具有较为开阔的视野，通常用来展示事件发生的时间、环境和规模等，能很好地展示人物所处的环境，如图 4-50 所示。

图 4-50

3. 全景

全景通常用来表现场景的全貌与人物的全身，在短视频中多用于表现人与人之间、人与环境之间的关系。全景画面可以表现人物全身，以及人物的活动范围、体形、衣着打扮，有时甚至连身份都可以交代得比较清楚，如图 4-51 所示。

图 4-51

技能演练：利用“全景”模式轻松拍出大长腿效果

许多智能手机的原相机为用户提供了“全景”模式，该模式能帮助大家拍出不一样的日常生活照。

1 以苹果手机为例，进入“设置”界面，点击“相机”选项进入对应界面，启用“网格”功能，如图4-52 所示。

2 打开原相机，找到合适的拍摄角度，如图 4-53 所示。

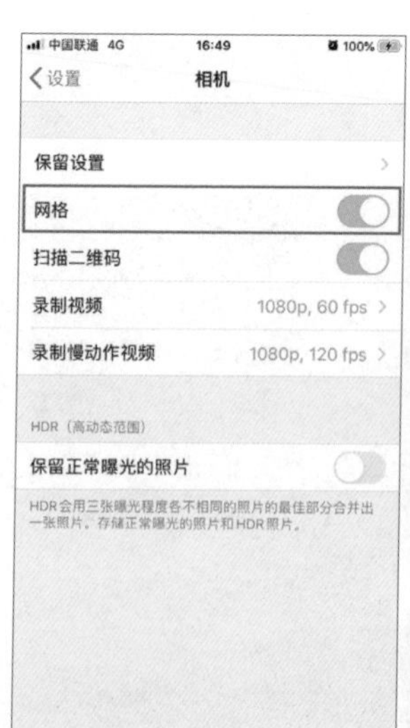

图 4-52

图 4-53

3 切换至“全景”模式，然后从竖持手机转变为横持手机，点击拍摄按钮，从人物的脚跟处开始，平稳地向上移动手机，将人物及背景中的建筑物完整地纳入画面，如图 4-54 和图 4-55 所示。

4 完成取景后，停止拍摄，此时得到的大长腿效果如图 4-56 所示。

图 4-54

图 4-55

图 4-56

4. 中景

中景一般指人物膝盖以上的画面，视距比近景稍远，为人物提供了较大的活动空间，既能使观众看清人物的面部表情，又有利于展示人物的形体和动作，如图 4-57 所示。

图 4-57

中景的取景范围较大，因此同一个画面可以容纳几个人及其动作，有利于交代人与人之间的关系，如图 4-58 所示。中景的使用频率较高，多用于拍摄需识别背景或交代动作路线的场景。中景不但可以加强画面的纵深感，表现一部分环境，而且可以通过镜头的组接，把某一冲突的前因后果有条不紊地叙述出来。

图 4-58

5. 近景

近景一般指人物胸部以上的画面或者景物的局部，常用来表现人物的面部神态及情绪。在表现人物时，人物占据近景画面中一半以上的画幅，这时，人物的头部尤其是眼睛将成为观众注意的重点。在近景画面中，环境为陪体。在日常拍摄中，可以利用一些手段对背景进行虚化，使背景中的各种造型元素都只有模糊的轮廓，这样更有利于凸显主体，如图 4-59 所示。

图 4-59

6. 特写

特写可以表现人物面部或拍摄对象的局部。特写镜头的取景范围较小，画面内容单一。特写可以轻易地将拍摄对象从周围环境中凸显出来，形成清晰的视觉形象，如图 4-60 所示。特写镜头能表现人物细微的情绪变化，揭示人物内心的瞬间动向，使观众在视觉上和心理上都受到感染。特写镜头可以与其他景别结合运用，通过画面远近、效果强弱的变化，可以形成特殊的蒙太奇效果。

图 4-60

7. 大特写

大特写是仅在取景框中表现人物面部的局部，重点表现眼神或脸上的细微表情，如图 4-61 所示。人物大特写不完全局限于表现面部的细节，也可以重点表现身体的某一个其他部分。大特写多与突出的情感、情景相结合，这样可使画面具有更深刻的寓意。

图 4-61

技能精讲：摄影中所说的“微距”是什么意思？

微距摄影是区别于常规摄影的一种特殊摄影手法，通常是指以很近的距离拍摄主体，从而得到比原实物大的影像。微距多用于拍摄昆虫及植物等生态题材，拍摄者稍加创意，便可以得到具备一定艺术价值及学术价值的影像，如图 4-62 所示。

图 4-62

技能演练：运用多景别拍摄人与车的关系

下面将演示如何运用不同的景别来表现人与车的关系。

1 如果是单人外出拍摄，可以准备一个三脚架来辅助拍摄工作。拍摄前仔细调试画面，找到合适的拍摄角度。

2 低角度拍摄一段远景画面，将车作为画面中的主体，在拍摄过程中，人物可匀速走向车，如图 4-63 和图 4-64 所示。

图 4-63

图 4-64

3 拍摄第二段画面。将三脚架适当升高，然后拉近镜头与主体的距离，拍摄一段人物开启车门的中景画面，如图 4-65 和图 4-66 所示。

图 4-65

图 4-66

4 拍摄第三段画面。将设备放在车轮后方，以低角度进行拍摄，同时将车轮作为前景。在拍摄过程中，人物做上车动作，如图 4-67 和图 4-68 所示。

图 4-67

图 4-68

5 拍摄第四段画面。将设备摆放在车辆一侧的车窗前，三脚架可适当升高，以确保可以拍摄到人物上车的画面，如图 4-69 和图 4-70 所示。

图 4-69

图 4-70

6 拍摄第五段画面。人物手持三脚架进行自拍，在拍摄过程中可做一些撩窗帘及远眺的动作，如图 4-71 和图 4-72 所示。

图 4-71

图 4-72

7 拍摄第六段画面。双手横持手机，沿着车门缓慢向前推动，拍摄一段空镜头，如图 4-73 和图 4-74 所示。

图 4-73

图 4-74

8 拍摄第七段画面。在当前环境中找到一棵大树，将这棵树作为前景，拍摄一段全景画面，在拍摄过程中，人物自然地向前走动，如图 4-75 和图 4-76 所示。

图 4-75

图 4-76

9 完成所有片段的拍摄后，将片段依次导入视频剪辑软件，进行适当处理并添加背景音乐，画面效果如图 4-77 和图 4-78 所示。

图 4-77

图 4-78

4.3 不容忽视的光影与色彩

在看电影时，很多观众会被电影中震撼人心的光影效果及绚丽的色彩所打动，光影和色彩的确是拍摄时不容忽视的两个重要元素，二者皆为故事服务。因为光影的存在，画面变得富有生机和活力；因为色彩的存在，画面变得有层次和情感。正因为光影和色彩的存在，短视频作品才显得有内涵和有生命力。

4.3.1 认识光线

光线将决定画面的质感和细节。光线的强弱、方向不同，拍摄的画面一般也是不同的，所以大家需要清晰地认识到光线对于短视频拍摄所起的作用。

1. 光线的强度

根据光线强弱的不同，光线大致可分为 3 种：强光（硬光）、柔光和弱光。

- 强光（硬光）。正午的阳光通常为强光。在强光下拍摄，很容易出现曝光过度的问题，尤其是人物的头发、脸部、白色衣物等，受到强光的照射很容易产生反光，从而造成细节丢失的问题。所以在强光下拍摄短视频，需要降低手机相机的曝光值，制作出一种明暗反差效果，这样拍出来的画面就会非常有质感，如图 4–79 所示。需要注意的是，在降低曝光值的同时还需要锁定曝光，避免拍摄的画面产生闪烁的现象。

图 4-79

- 柔光。柔光是非常适合日常拍摄的光线，在柔光环境下拍出的画面不会曝光过度，也不会曝光不足，主体的细节会表现得很好，如图 4-80 所示。如果要拍摄人物，可以选择在上午或下午进行拍摄（运用清晨或日落前的阳光可以拍出柔光效果），拍摄时尽量避开一天中的强光和弱光时段。

图 4-80

- 弱光。由于手机的感光元件不够大，在弱光环境下的成像能力并不是很好，因此并不建议大家在弱光环境下拍摄一些需要表现细节的作品。如果想要拍摄较好的夜景弱光效果，可以选择在天还没有全黑的时段拍摄，也可以适当利用手机的手电筒、周遭的环境光进行补光，如图 4-81 所示。

图 4-81

技能精讲：如果在拍摄人物时，确实没有足够的光线该怎么办？

在光线不够的情况下，不妨尝试拍摄剪影效果，一面白墙或者一块公交车站台的白色广告板，都很适合拍摄人物的剪影。此外，在水边拍摄时，还可以利用水面的反光拍摄人物。

2. 光线的方向

光线按照方向可以划分为顺光、侧光、逆光和顶光。

- 顺光。如果在顺光条件下拍摄，曝光会非常充分，画面中不会出现明显的阴影。正因如此，顺光拍摄时，人物的身形线条会缺乏立体感，如图 4-82 所示。

图 4-82

- 侧光。侧光不仅能很好地塑造人物的身形，还能增强画面的明暗对比及层次感。清晨和下午都非常适合使用侧光拍摄人物，这时拍摄的画面曝光均匀，肤色与脸部的细节都能得到很好的展示。利用侧光拍摄的场景可以选择在窗户前、树下、干净的室外等，拍摄时注意要让光线打在人物的脸部，尽可能让脸部的曝光到位。不管是前侧光还是后侧光，都是非常适合拍摄人像的光线，能让人物的细节得到较好的表现，如图4-83所示。

图 4-83

- 逆光。逆光就是光从主体背面照射过来，主体的正面处在阴影中，其背面为受光面。在逆光环境下拍摄时，如果让主体曝光正常，较亮的背景则会过曝；如果让背景曝光正常，那么主体往往会很暗，缺失细节，形成剪影。如果能恰到好处地运用逆光，可以拍摄出空间感极好的画面效果，亦能形成漂亮的轮廓光，使画面产生一种浪漫的情调，如图4-84所示。

图 4-84

- 顶光。在户外强光条件下拍摄时，光从人物头顶上方照射过来，人物的鼻唇下方会产生强烈的阴影，画面的美感会被破坏，因此在实际拍摄中，顶光多被当作辅助光使用。如果是为了满足一些艺术需求，借助顶光拍摄可以营造神秘、神圣的艺术氛围。

技能精讲：在逆光情况下拍摄时，需要注意哪些问题？

逆光通常会导致画面清晰度降低的现象，因此在拍摄短视频时，应尽量采用顺光拍摄，以侧光辅助，慎用逆光。虽然在强逆光的情况下不适合拍摄人像，但在一些光线较为柔和的情况下，采用逆光能够拍出唯美的剪影效果，比如在日出和日落时段，使用逆光能够拍出漂亮的剪影效果，同时背景中天空的色彩层次也会比较丰富，如图 4-85 所示。

逆光拍摄时，要防止强烈的光线进入镜头，并随时调整手机的拍摄角度，以免在画面中生成眩光。拍摄剪影时，测光位置应选择在背景相对明亮的位置，点击手机屏幕上的天空部分即可，若想使剪影效果更明显，则可以减少曝光补偿。

图 4-85

4.3.2 如何抓住光影瞬间

拍摄风光时，往往讲求最佳的拍摄时机和光线。一天之中有许多拍摄时机，大家要及时抓住合适的拍摄时机拍出唯美的画面。

1. 在日出或日落时分拍摄

在日出和日落前后可以拍摄出色彩丰富的画面，因为在这两个时间段，阳光非常柔和，天边霞光五彩斑斓，云彩层次分明，如图4-86和图4-87所示。

拍摄日出、日落需要提前做好拍摄准备工作。清晨需要在日出之前到达拍摄地点，架好拍摄机位，静待太阳升起的时刻。同样，拍摄日落需要在日落前找到最佳的取景地点，做好相关拍摄准备工作。

| 图 4-86

| 图 4-87

2. 巧妙运用轮廓光

轮廓光具有很强的造型效果，在主体的影调或色调与背景极为接近时，轮廓光能够清晰地勾勒出主体的形态。此外，轮廓光还具有很强的装饰作用，能在主体的四周形成金灿灿的轮廓边，使主体看上去就像被镶嵌到了一个光环中，非常漂亮，如图4-88所示。要拍出这种轮廓光效果，应该使用逆光或侧逆光，拍摄时，应尽量避免过于明亮的背景，这样轮廓光才能够在较暗的背景下突显出来。

| 图 4-88

3. 巧用逆光拍摄剪影

剪影会让主体和背景产生强烈的明暗对比，画面也会变得更有层次和质感。通常可以使用主体来遮挡一些阳光，拍摄出主体的轮廓。拍摄逆光剪影时可以使用一些拍摄技巧，比如拍摄人物在奔跑中的剪影时，可以将手机贴近草地，这时人物从远处跑来，就会形成若隐若现的剪影，如图 4-89 和图 4-90 所示。使用逆光拍摄剪影的重点是：找到合适的角度，拍摄主体的轮廓。

图 4-89

图 4-90

4. 使用光影表现氛围

在树荫、山谷、建筑等有阴影的场景中，容易形成明暗对比，这时就可以让光影成为画面中的点缀。比如，山间的云彩所形成的光影，可以增强画面的层次感，如图 4-91 所示；阳光洒在起伏的沙漠上，会形成柔美的光影，使画面极具艺术感，如图 4-92 所示。大家要做的，就是多拍、多看，练就一双善于发现美的眼睛。

图 4-91

图 4-92

技能演练：巧用光影拍摄美食

下面将介绍如何利用光影拍摄美食。

1 本例将借助早晨的阳光来拍摄早餐。将盛有早餐的餐盘放在窗边，让阳光自然地照在餐盘上。在这里编者选择将一款玻璃瓶作为前景遮挡物，将玻璃瓶放置在餐盘左前方，在拍摄过程中可以旋转玻璃瓶，让光影映射在主体上，如图 4-93 和图 4-94 所示。

图 4-93

图 4-94

2 拍摄时，可尝试多拍摄几个不同角度下的画面。完成多个片段的拍摄后，将素材依次导入视频剪辑软件，完成内容剪辑并添加合适的背景音乐，画面效果如图 4-95 和图 4-96 所示。

图 4-95

图 4-96

4.3.3 认识色彩

色彩是视觉艺术的语言和重要表现手段，它具有影响观众心理的能力，不同的色彩给人带来的心理感受是不一样的。在日常拍摄中，受天气变化及色温的影响，不同时间段拍摄的画面色彩大不相同，创作者可以根据需要表达的主题来调整色温或塑造场景。下面将介绍如何利用不同的色彩营造不同的画面感。

1. 用冷色调营造肃杀感

平时大家看到的青色、蓝色、紫色这几种颜色，通常称为冷色调。冷色调是较为常用的一种色调，使用手机拍摄短视频时，可以在原相机中设置冷色调画面的效果。比如，在使用华为手机拍摄短视频时，可以在原相机中手动调整白平衡，白平衡数值越小，色调越冷，如图 4-97 所示。

图 4-97

在拍摄清晨的画面时，可以适当运用冷色调，这样拍出来的画面会显得清新自然，看起来也比较干净，如图 4-98 和图 4-99 所示。

图 4-98

图 4-99

此外，在拍摄天空时，也可以使用冷色调，这样可以有效突出天空中的蓝色，如图 4-100 所示。

图 4-100

需要注意的是，冷色调不能随意使用，而应根据场景适当运用，比如要拍摄傍晚时分的场景，若运用冷色调，傍晚时分的环境感就会被弱化，从而无法得到观众的认同，如图 4-101 所示。

图 4-101

2. 用暖色调让气氛变得祥和

暖色调通常包含红色、黄色等温暖、明亮的颜色，平时大家看到的红色花朵、橙色落日等，都属于暖色调对象。暖色调可以给观众带来温暖、祥和的感受，大家在拍摄一些暖色调画面时，除了可以通过调节白平衡模式改变色温，还可以主动选择一些暖色调较明显的场景进行拍摄，再通过后期处理提高画面中颜色的艳丽度，如图 4-102 所示。

图 4-102

3. 用黑白色调让人怀旧

黑白色调的画面可以带领观众进入一个单色的世界，在这个世界中，物体仅有明面与暗面，画面仅有黑、白、灰 3 种色调。

黑白色调通常是通过后期调色得到的，前期正常拍摄视频内容，后期再使用视频剪辑软件调色。在拍摄短视频时，可以适当运用黑白色调来表现回忆的场景，或表现压抑、神秘的画面，如图 4-103 所示。

图 4-103

前文介绍过，在拍摄时要有意识地避开杂乱的环境。这里再为大家介绍一种解决环境杂乱问题的方法，那就是将画面色调调整为黑白色调，将繁复的色彩转变为简单的黑、白、灰，画面就会显得干净许多。

要想展示黑白色调的魅力，情感构思是重点。黑、白、灰是黑白色调的基本构成元素，在构思过程中可运用对比、呼应、平衡等手段，结合情感需要，借助黑、白、灰来构成黑白色调作品的艺术视觉效果，营造独特的艺术氛围。需要注意的是，并非所有风光、人物都适合黑白色调，如果想要获得类似中国水墨画效果的黑白色调视频，可以拍摄那些有大面积云雾或雪地的场景，只有这样才可以根据水墨画中“计白当黑”与留白的理论，得到具有水墨画韵味的黑白色调视频，如图 4-104 和图 4-105 所示。

图 4-104

图 4-105

技能演练：调整偏灰的视频画面

在日常拍摄中，很多新手因为不了解拍摄参数，所以拍出的视频画面可能会出现偏灰或者偏黄的情况，这样的画面与肉眼所见的效果相差甚远，观赏价值也不高。对于这类素材，大家不要着急删掉，通过校正画面明暗、调整色调等操作，也是可以拯救废片，获得惊艳、吸睛的画面效果的。下面将讲解如何通过后期调色来解决画面的色彩问题。

1 本次需要调整的原视频画面如图 4-106 所示。在户外拍摄时光线应该是不错的，但拍出的视频画面还是偏灰、偏暗，出现这种情况的原因往往是拍摄过程中测光不准，因此后期调整曝光度和色彩是改善画面的关键。

2 将画面偏灰的视频在视频剪辑软件中打开，这里编者以剪映 App 为例进行演示。点击底部工具栏中的“调节”按钮，如图 4-107 所示。

图 4-106

图 4-107

3 打开“调节”菜单，可以看到用于调节画面的各项参数，如图 4-108 所示。

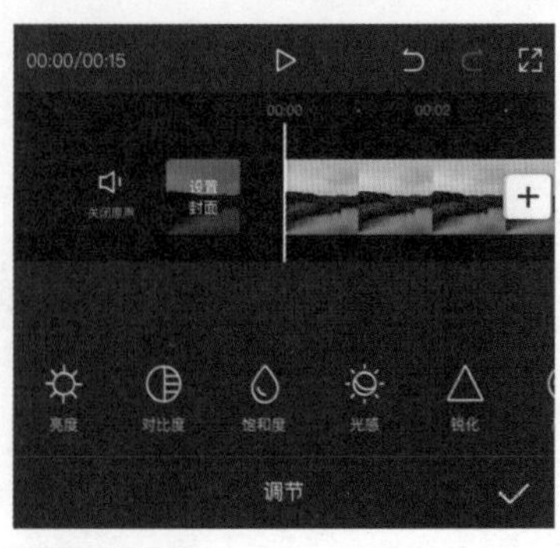

图 4-108

4 当前画面欠曝，因此点击“亮度”按钮，将“亮度”滑块向右滑动至 22，即可提高画面整体的亮度，如图 4-109 所示。

5 点击“光感”按钮，将“光感”滑块向右滑动至 8，进一步提亮画面，如图 4-110 所示。

6 此时视频画面的鲜艳度较为欠缺，周围的植物本该是绿色的，现在却偏暗，美观度稍显不足。点击“饱和度”按钮，将“饱和度”滑块向右滑动至 15，提升植物的鲜艳度，如图 4-111 所示。

7 天空的颜色偏灰白，点击“色温”按钮，将“色温”滑块向左滑动至 -10，为天空增添一些蓝色，如图 4-112 所示。

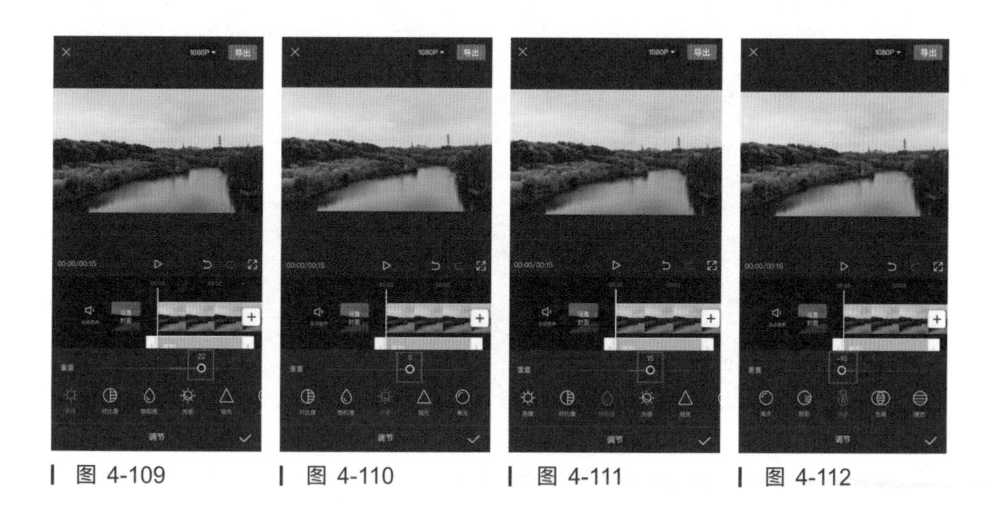

图 4-109　　图 4-110　　图 4-111　　图 4-112

8 点击“色调”按钮，将“色调”滑块向右滑动至 10，如图 4-113 所示。

9 点击“高光”按钮，将“高光”滑块向左滑动至 -13，凸显暗部细节，如图 4-114 所示。

图 4-113　　图 4-114

10 点击“阴影”按钮，将“阴影”滑块向右滑动至28，提升暗部亮度，如图4-115所示。

11 完成操作后，点击“确定”按钮，拖动“调节1”素材条，使其长度与视频长度保持一致，如图4-116所示。

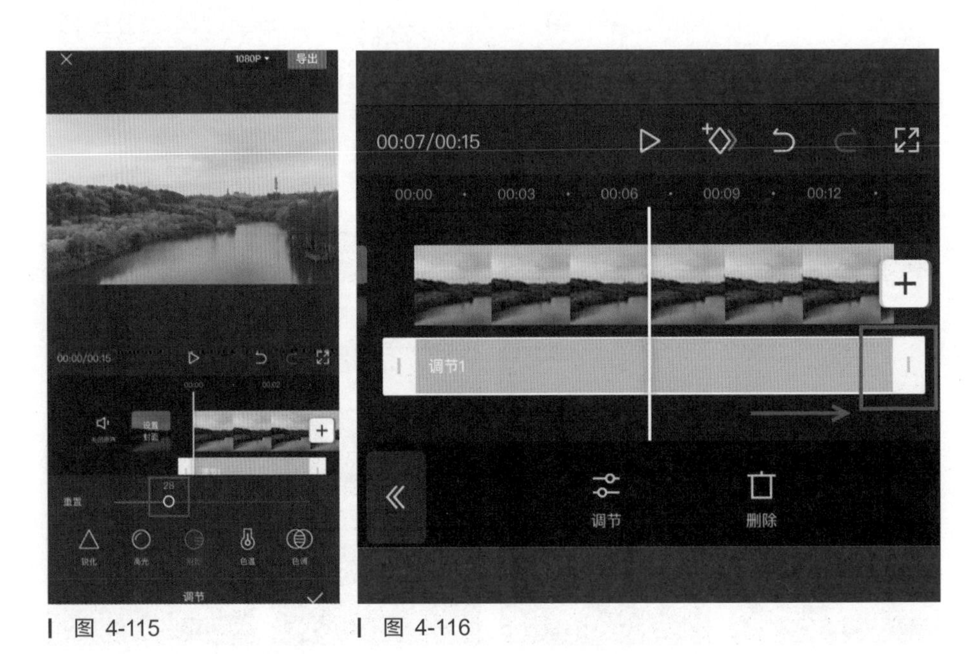

图 4-115　　图 4-116

12 完成调整后，将视频导出至本地相册。调整前后的画面效果如图4-117和图4-118所示。

图 4-117　　图 4-118

第5章 掌握技巧，拍出清晰稳定的画面

新手可能不知道，在各大短视频平台上，画面的清晰度及稳定度是能直接影响作品播放量及点赞量的重要因素，也是评判作品质量的基础指标。清晰且稳定的画面，可以让观众将注意力更好地集中到作品内容及主题思想上；而画质不清晰、左摇右晃的画面，不仅让人感到不适，还无法使作品的内容及主题思想得到有效传播，观众在看到这类作品的第一时间就很可能想跳过、滑走。

下面将从拍摄设备、拍摄技法等不同方面入手，解析如何利用一些“法宝”和技巧，来有效提升画面的清晰度及稳定度。

5.1 手机短视频拍摄“法宝”

要想拍出优秀的手机短视频作品，除了需要一部拍摄功能齐全且像素优质的智能手机，还需要准备一些辅助拍摄的器材，例如用于稳定画面的三脚架，或用于提亮画面的补光灯、反光板等，这些都是可以让大家的短视频作品上升一个档次的“法宝”。

5.1.1 提亮短视频画面的补光设备

在良好的光线条件下，大多数人都能拍出画面质量较好的视频，但在光线不足的室内，或光线比较复杂的室外环境中，就需要借助一些补光设备来提升画面亮度了。

1. 补光灯

有些新手在刚开始接触短视频拍摄时，对配光的技巧和原则不太重视，拍出来的画面要么过曝、要么欠曝，特别是在应对一些特殊场景时，拍出的画面因为光线分布不均匀，导致细节严重缺失。

如果大家想在光线条件较差的夜晚拍摄短视频，那么一定要使用补光灯辅助照明。市面上的补光灯大都具备柔光效果，可以让人物的皮肤看上去格外细腻，是受许多美妆博主青睐的拍摄“神器”，如图 5-1 和图 5-2 所示。

图 5-1

图 5-2

2. 反光板

如果要拍摄室外的大场景，则可以使用反光板辅助打光，如图 5-3 所示。反光板轻便易携带，补光方便且效果好，在室外可以起到补光的作用，有时也可作为主光源使用。不同材质及颜色的反光板可产生软硬不同的光线。

反光板使用得当，可以让平淡的画面变得更为饱满，具有良好的光感和质感。反光板在进行户外人像拍摄时使用频率极高，巧妙运用反光板改变拍摄时的光线，能极好地突出主体。打光时，应双手抓住反光板两侧，尽量使反光板保持平整状态，然后靠近拍摄对象，并左右摆动反光板寻找合适的角度，使反射光线投射到人物面部，从而实现补光，如图 5-4 所示。

图 5-3

图 5-4

技能精讲：市面上的五合一反光板，各用于应对哪些拍摄需求呢？

市面上的五合一反光板具备白色反光板、银色反光板、金色反光板、黑色吸光板、柔光板的功能，具体介绍如下。

- 白色面：利用白色面可以使直射光变成柔和的散射光，使画面呈现出的效果柔和且自然，既可以使拍摄对象的面部肌肤变得明亮，又不会破坏画面的氛围。
- 银色面：银色面的反射能力强，反射效果接近镜子，能产生更为明亮的光，可以远距离使用。通常作为主光源使用，也可以用来制造轮廓光或眼神光。
- 金色面：其原理与银色面一样，不同之处在于当光线照射到金色面上时，折射光线会变为暖色光，因此金色面可营造氛围光，在明亮的阳光下拍摄逆光人像时可使用。
- 黑色面：黑色面不是用来反光的，而是用来吸光（即减少光线）的，因此被称为“减光板”或“吸光板”。在光线较为强烈的时候，就需要将黑色面放在拍摄对象附近以减少光量或消除环境光。在拍摄人像时，也可以用黑色面来加深阴影，从而使人物面部轮廓更加立体。

- 柔光板：可在阳光（或灯光）与拍摄对象之间起到阻隔或减弱光线的作用。使用柔光板可以使光线变柔和，同时能有效降低图像对比度。在光线强烈，又不想变换拍摄角度改变背景的情况下，或需要柔和光线以减少拍摄对象投影的情况下，可使用柔光板。

3. 手电筒

智能手机都具备“手电筒”功能，除了在暗光环境下充当照明工具，其自带的手电筒还可以用作拍摄短视频时的辅助光源。在拍摄时，智能手机的手电筒最直接的作用，就是对主光源带来的未覆盖的阴影进行补充照明，从而使阴影变淡。

智能手机手电筒的启用方式非常简单，只需通过上滑或下滑屏幕，在打开的快捷工具栏中找到“手电筒”图标，点击图标即可开启或关闭手电筒。图 5-5 和图 5-6 所示分别为华为手机和苹果手机的“手电筒”图标。

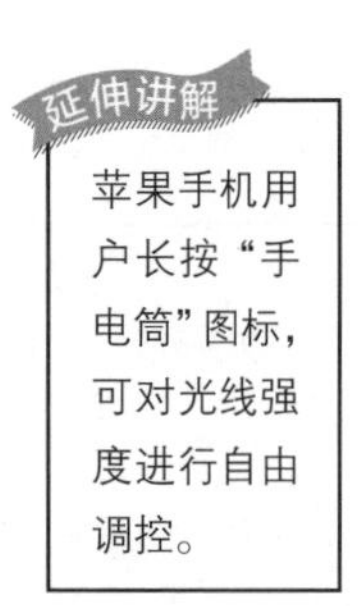

图 5-5

图 5-6

5.1.2 塑造更多拍摄可能的外接镜头

大多数人可能会产生这样的疑问：为什么自己拍的画面不如别人拍的好看和高级？其实这就是手机和相机的区别所在。手机镜头是一只定焦镜头，图 5-7 所示为未加装镜头时手机的拍摄效果。由于焦距固定，如果用户希望将更多的元素摄入画面，或想强化画面近大远小的透视效果，使用手机自带的镜头是无法满足需求的，这时就可以考虑加装手机外接镜头，如图 5-8 所示。

图 5-7

图 5-8

手机外接镜头的作用是优化手机拍摄的画面效果，目前市面上常见的手机外接镜头有长焦镜头、广角镜头、鱼眼镜头和微距镜头，使用时只需将镜头夹在手机镜头的上方即可。图 5-9~ 图 5-12 所示为加装不同类型的镜头后使用手机拍摄的画面效果。

图 5-9　**长焦镜头（放大镜）**　**画面效果**

图 5-10　**广角镜头**　**画面效果**

图 5-11　**鱼眼镜头**　**画面效果**

图 5-12　　微距镜头　　画面效果

5.1.3 提升短视频音质的设备

对于短视频来说，声音与画面同等重要。在短视频拍摄阶段，不仅要考虑后期对声音的处理，还要做好同期声音的录制工作。许多短视频创作工作都是在户外进行的，如果单纯使用手机麦克风录音，音质很难得到保证，并且音频后期处理起来会比较麻烦。针对这种情况，可以使用一些辅助提升音质的设备，来录制音质较好的音频，从而提升后期处理工作的效率。

1. 线控耳机

相较于昂贵的专业录音设备，线控耳机虽然成本较低，但音质效果一般，不能很好地对环境进行降噪处理。如果是个人简单拍摄，对录入的音质没有太高的要求，那么线控耳机是个不错的选择。使用时只需要将耳机接头插入手机的耳机孔，便可实时进行声音传输，如图 5-13 所示。

图 5-13

技能精讲：使用线控耳机时如何有效降噪？

进行短视频创作时，尽量选择在安静的环境下录制声音，麦克风不宜距离嘴巴太近，以免爆音。必要时，可尝试在麦克风处贴上湿巾，这样可以有效减少噪声和爆音情况的发生。

2. 智能录音笔

智能录音笔是基于人工智能技术，集高清录音、语音转文字、同声传译、云端存储等功能于一体的智能硬件，它体积小、重量轻，适合日常携带，如图 5-14 所示。与以前的数码录音笔相比，智能录音笔的显著特点是可以将语音实时转为文字，录音结束后，即时成稿并支持分享，大大提升了后期字幕处理工作的效率。

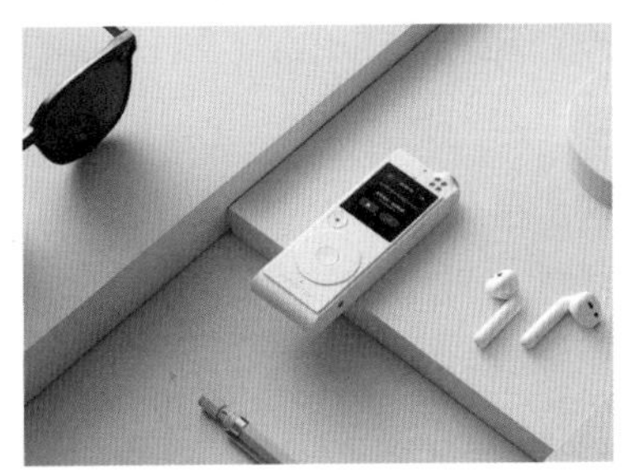

图 5-14

3. 麦克风

与线控耳机和智能录音笔相比，麦克风的降噪效果会更好。市面上的外接麦克风品类众多，图 5-15 和图 5-16 所示分别为蓝牙话筒式麦克风和领夹式麦克风。麦克风的质量直接影响到语音识别的质量和有效作用距离，好的麦克风的频响曲线比较平整，背景噪声小，使用好的麦克风可以在距离比较远的地方录入清晰的人声，声音还原度高，因此大家在选取时要多看、多比较，根据自己的拍摄情况，选取合适的麦克风。

图 5-15

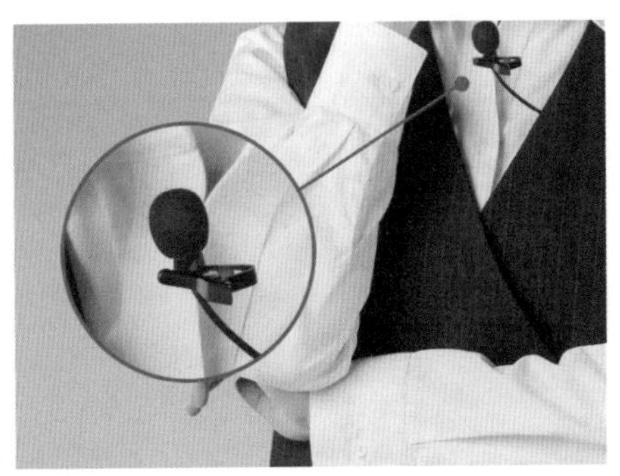

图 5-16

5.1.4　提升画面稳定度的“神器”

如今的几大主流短视频平台被大众高频次接触，每日在线观看的观众数量极大。无论创作者选择哪一个平台投放作品，画面稳定都是基本要求。许多新手初次拍摄短视频时，画面抖动幅度大，观众观看时容易产生眩晕感，这样的视频其实是不合格的。要想有效提升拍摄时的画面稳定度，还得依靠一些“神器”。

1. 三脚架

在采用固定机位进行拍摄、拍摄特殊的大场景或拍摄延时视频时，使用三脚架可以很好地稳定手机，并且能帮助拍摄者更好地完成一些推拉和提升动作，如图 5-17 和图 5-18 所示。

图 5-17

图 5-18

市面上有许多不同形态的三脚架，且三脚架越来越轻便，日常携带非常方便。一些三脚架甚至支持安装机位架、补光灯等配件，来满足更多场景和镜头的拍摄需求。加装配件前后的效果如图 5-19 和图 5-20 所示。

图 5-19

图 5-20

技能演练：单人旅行自拍

有些人喜欢一个人出门旅行，如果想在旅途中拍摄个人短视频，但身边又没有同伴协助拍摄，这时不妨借助三脚架来完成自拍。下面将讲解如何借助三脚架完成单人旅行自拍。

1 在拍摄前，先构思好自己要拍摄的场景。比如拍摄一段独自滑滑板的场景，那么就要思考需要拍摄的镜头，以及镜头之间如何衔接、怎样构图才会美观。

2 准备一个三脚架，用于固定拍摄工具——手机，然后根据自己的构思，找到合适的角度，放好手机，如图 5-21 所示。

3 开始拍摄后，踩着滑板自然地从镜头前经过，如图 5-22 所示。完成一个镜头的拍摄后，换地方拍摄下一个镜头即可。

图 5-21

图 5-22

4 完成多个不同镜头的拍摄后，将片段导入视频剪辑软件中进行处理，并添加背景音乐，即可完成短视频的制作，画面效果如图 5-23 和图 5-24 所示。

图 5-23

图 5-24

2. 八爪鱼支架

在户外拍摄时，如果遇到一些特殊的环境，三脚架也并不是万能的。要使用三脚架，首先得找一个相对平稳的地方放置三脚架，其次三脚架的 3 条腿完全张开是需要一定空间的。为了应对一些特殊的拍摄环境，大家可以使用八爪鱼支架，如图 5-25 所示。八爪鱼支架与三脚架一样具备 3 条“腿”，不同的是八爪鱼支架的“腿”是软的，可任意弯曲、折叠，使用时只需将手机固定在支架上，然后将“腿”打开立于地面上，或将其固定在一些物体上，如图 5-26 所示。

图 5-25

图 5-26

3. 手持云台

有些新手为了避免画面抖动，可能会选择固定镜头进行拍摄，虽然操作难度较低，但固定镜头拍摄的短视频可能会很枯燥。大家在手持手机进行运动拍摄时，最重要的就是保证画面的稳定性，如果画面抖动幅度大，观众观看起来会感到不舒服。要想拍出稳定又流畅的运动画面，不妨将手机加装在手持云台上进行拍摄，如图 5-27 所示。

图 5-27

技能精讲：手持云台的稳定原理是什么？

在进行运动拍摄时，人的走动会导致手中的物体发生前后、左右及上下 3 个方向上的颠簸运动，这是画面抖动的基本原因。手持云台具有航向轴（旋转范围为 360°）、俯仰轴（旋转范围为 320°）和横滚轴（旋转范围为 320°），这 3 根轴可以配合多种拍摄模式做出不同状态的角度调节，从而有效过滤细微颠簸和抖动，以确保画面的稳定和流畅。

5.1.5 自拍也能轻松搞定

如果新手希望购买一款经济实惠的稳定设备，不妨考虑入手一根自拍杆，如图 5-28 所示。自拍杆的稳定效果虽然比手持云台逊色一些，但胜在价格实惠。市面上的自拍杆大都轻便小巧、便于随身携带，随时随地都能与手机配合进行拍摄。

图 5-28

5.2 手持拍摄技法

要想拍出稳定流畅的短视频画面，除了借助稳定设备，还需要掌握基础的拍摄技法。下面将介绍拍摄稳定画面的技法，旨在帮助大家创作出优质的短视频。

5.2.1 掌握正确的持机姿势

手持拍摄时，拍摄者应保持匀速呼吸，同时需要运用正确的姿势牢牢固定手机，如图 5-29 所示。在拍摄过程中，要避免做大幅度的手部动作，可以将身体靠着墙，或者将上臂内侧紧贴身体两侧，也可以将手放在桌上来保证手机的稳定，如图 5-30 和图 5-31 所示。

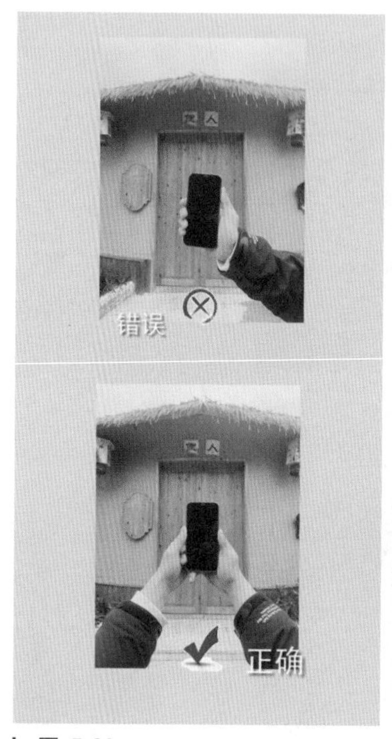

图 5-29

图 5-30

图 5-31

5.2.2 固定镜头手持拍摄技法

许多人喜欢单手竖持手机拍摄视频，这样虽然方便，但是单手握持的稳定性欠佳。在没有辅助设备帮助的情况下，建议大家双手横持手机进行拍摄，因为双手持机会使机身更加稳定，能有效减少画面的抖动。将手机横置后，用拇指和食指分别夹住手机的两侧，如图 5-32 和图 5-33 所示。结合上一小节所讲，上臂内侧紧贴身体两侧，这样手机与手臂就能形成一个较为稳定的三角形，从而有效减少画面的抖动。

图 5-32

图 5-33

5.2.3　移动镜头手持拍摄技法

在没有稳定设备，甚至没有可依靠的物体的情况下，想要拍摄运动画面该怎么办？这里给大家分享一个技巧：动腰不动手。也就是说，拍摄时借助腰部发力来完成不同方向上的移动拍摄。

1. 横向移动拍摄

双手横持手机，双腿分开呈半蹲姿势，上臂紧贴身体两侧，依靠腰部发力，平稳地左右移动身体，同时前臂小幅度地画半圆，如图 5-34 和图 5-35 所示。

图 5-34

图 5-35

2. 纵深移动拍摄

双手横持手机，半蹲并迈出一只脚，上臂紧贴身体两侧，腰部发力，前后移动身体，同时前臂做前后运动，缓慢推动手机进行拍摄，如图 5-36 和图 5-37 所示。

图 5-36

图 5-37

3. 上下移动拍摄

拍摄者站立，上臂紧贴身体两侧，双手横持手机，靠腰部发力。先弯腰，同时前臂向下；然后起身，同时前臂向上，完成上下移动拍摄，如图 5-38 和图 5-39 所示。

图 5-38

图 5-39

延伸讲解

如果拍摄者不是刻意追求画面的虚化效果，那么最好在拍摄前关闭自动对焦功能。另外，在拍摄前应尽量找好焦点，避免在拍摄过程中频繁对焦。因为，在拍摄过程中重新选择焦点，画面会有一个由模糊变清晰的过程，这就破坏了画面的流畅度；此外，在拍摄时对焦，手指频繁点击屏幕，这样难免会对画面的稳定性造成影响。

4. 隔物移动拍摄

在掌握了手持拍摄的技法后，可以尝试结合当前环境，拍摄一些具有特殊视角的镜头，来营造不一样的画面氛围。巧妙利用环境中的遮挡物或人物，并透过遮挡物来拍摄主体，可以拍摄出具有“窥视感”的特殊镜头，这类视角能有效加强观众的代入感，给观众一种身临其境的感觉，如图 5-40 和图 5-41 所示。

图 5-40

图 5-41

这里所讲的遮挡物可以是人为布置的花草、瓶子等，也可以是自然环境中的树木、花草、岩石等，还可以是当下场景中的桌椅、隔断等，如图 5-42 和图 5-43 所示。

大家可以充分发挥自己的想象力，任何眼下可以看到的人物或事物，都可以运用起来。

图 5-42

图 5-43

进行隔物移动拍摄时，拍摄者应当先在当下的拍摄环境中找到一处遮挡物，然后呈半蹲姿势，一只脚向前迈半步，双手横持手机，上臂紧贴身体两侧，腰部发力，前后移动身体，缓慢地将手机推进遮挡物，如图 5-44 和图 5-45 所示。同时镜头要透过遮挡物拍摄主体。

图 5-44

图 5-45

技能演练：手持手机移动拍摄人物

下面将结合前面所讲的内容，讲解如何运用手持手机移动拍摄技法，来拍摄人物面部的特写镜头。

1. 本例所拍摄的对象为正在院子里晒太阳的老人，拍摄前可以先和老人简单交流一下拍摄思路，让老人保持坐姿，自然地看向前方，如图 5-46 所示。
2. 将手机镜头对准老人的 3/4 侧面，如图 5-47 所示。

图 5-46

图 5-47

3 拍摄者摆好相应的姿势，先进行纵深移动拍摄，将手机镜头缓缓向后拉，如图 5-48 所示。

4 再进行横向移动拍摄，手机镜头与老人面部保持适当的距离，左右移动镜头进行拍摄，如图 5-49 所示。

图 5-48

图 5-49

5 除此以外，还可以运用同样的技法拍摄周边的环境，尽可能多拍几组镜头来丰富短视频内容，如图 5-50 和图 5-51 所示。

图 5-50

图 5-51

6 完成拍摄后，将片段导入视频剪辑软件中进行处理。为了体现画面的故事感和人物的沧桑感，可以将画面调为黑白色调，并根据画面添加合适的背景音乐，画面效果如图 5-52 和图 5-53 所示。

图 5-52

图 5-53

5.3 运镜技巧

运镜也叫运动镜头，主要指镜头自身的运动。很多炫酷的短视频都是由不同的运动镜头拼凑而成的，其具有独特的视觉艺术效果。对于短视频创作者而言，如果某些特殊的运镜技巧用得不好，就会导致拍摄的视频没有亮点，对观众没有足够的吸引力。

下面将介绍一些拍摄时常用的运镜技巧，旨在帮助大家提高短视频拍摄水平。

5.3.1 推镜头

推镜头是使镜头与画面逐渐靠近，如图 5-54 和图 5-55 所示。在推动镜头的过程中，画面内的景物（拍摄主体）会逐渐被放大，使观众的视线从整体集中到某一局部，拍摄效果如图 5-56 和图 5-57 所示。

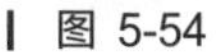

图 5-54

图 5-55

图 5-56

图 5-57

推镜头是拍摄短视频时常用的一种运镜技巧，可以引导观众感受人物内心的活动，非常适合表现人物情绪。当需要突出主要人物、细节，或强调整体与局部的关系时，拍摄者可以使用推镜头进行拍摄。用推镜头拍摄时，景别由远景变为全、中、近景甚至特写，这样能够突出主体，使观众的注意力集中到主体上，视觉感受得到加强。

5.3.2　拉镜头

拉镜头是使镜头逐渐远离主体，如图 5-58 和图 5-59 所示。在拉动镜头的过程中，画面从某个局部逐渐向外扩展，从而使观众看到局部和整体之间的联系，拍摄效果如图 5-60 和图 5-61 所示。

图 5-58

图 5-59

图 5-60

图 5-61

使用拉镜头拍摄时，镜头空间由小变大，保证了空间的完整性和连贯性，有利于调动观众对主体从出现直至呈现完整形象这一过程的想象和猜测。

5.3.3 摇镜头

摇镜头是使镜头的位置保持不变，只靠改变镜头的方向，如图 5-62 和图 5-63 所示。这类似于人站着不动，仅靠转动头部来观察周围的事物，使用摇镜头可以模拟人眼进行内容叙述。

图 5-62

图 5-63

镜头可以左右摇，也可以上下摇，还可以斜摇，或者与移镜头结合使用。在拍摄时，采用摇镜头对要呈现给观众的场景进行逐一展示，可以有效拉长时间和增大空间，从而使画面给观众留下深刻的印象。摇镜头可以使短视频内容显得有头有尾、一气呵成，因此要求开头和结尾的镜头目标明确，从一个拍摄目标摇起，到另一个拍摄目标结束，两个镜头之间的一系列镜头也应该是被表现的内容，拍摄效果如图 5-64 和图 5-65 所示。

图 5-64

图 5-65

5.3.4 移镜头

移镜头是使镜头在水平方向上按一定的运动轨迹进行拍摄。使用手机拍摄短视频时，如果没有滑轨设备，可以尝试使用双手握持手机，保持身体不动，然后通过缓慢移动双臂来平移手机，如图 5-66 和图 5-67 所示。

图 5-66

图 5-67

移镜头的作用是表现场景中的人与物、人与人、物与物之间的空间关系，或者将一些事物串联起来加以表现。移镜头与摇镜头的相似之处在于，它们都是为了表现场景中的主体与陪体之间的关系，但是使用它们拍摄的画面效果是完全不同的。摇镜头是手机的位置不变，拍摄角度在变化，适用于拍摄距离较近的主体；而移镜头则是拍摄角度不变，手机的位置改变（或在手机不动的情况下，改变焦距或移动场景中的主体），以形成跟随的视觉效果，营造出特定的情绪和氛围，拍摄效果如图 5-68 和图 5-69 所示。

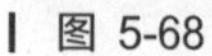

图 5-68

图 5-69

5.3.5 跟镜头

跟镜头是使镜头跟随运动的主体进行拍摄，如图 5-70 和图 5-71 所示。一般有推、拉、摇、移、升降、旋转等形式。

图 5-70

图 5-71

镜头跟拍使运动的主体在画面中的位置保持不变，而前后景可能在不断变化。这种运镜技巧既可以突出运动的主体，又可以交代主体的运动方向、速度、体态及其与环境的关系，使主体的运动保持连贯性，有利于展示主体的精神面貌，拍摄效果如图 5-72 和图 5-73 所示。

图 5-72

图 5-73

5.3.6　升镜头与降镜头

升镜头是手机沿垂直方向向上运动拍摄画面，是一种从多视点表现场景的方法，如图 5-74 和图 5-75 所示。使用升镜头拍摄的效果如图 5-76 和图 5-77 所示。

图 5-74

图 5-75

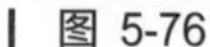
图 5-76

图 5-77

与升镜头相反，降镜头是手机沿着垂直方向向下运动拍摄画面，如图 5-78 和图 5-79 所示。使用降镜头拍摄的效果如图 5-80 和图 5-81 所示。

图 5-78

图 5-79

图 5-80

图 5-81

在拍摄过程中，不断改变镜头的高度和拍摄角度，会给观众带来丰富的视觉感受。升降镜头如果在运动速度和节奏方面得当，则可以创造性地表达情节的基调。升降镜头常常用来展示事件的发展规律，或用来表现在场景中做上下运动的主体的主观情绪。升降镜头如果能在实际拍摄中与其他镜头表现技巧结合使用，就能表现出丰富多变的视觉效果。

5.3.7 环绕镜头

环绕镜头是拍摄者持手机环绕主体进行拍摄，如图 5-82 和图 5-83 所示。在拍摄过程中，镜头做环绕运动，这样可以有效增强主体的存在感，拍摄效果如图 5-84 和图 5-85 所示。

图 5-82

图 5-83

图 5-84

图 5-85

延伸讲解

运镜拍摄时，大家可以为手机加装稳定设备，以获得更加流畅顺滑的拍摄体验。

第6章 日常拍摄，人人都是生活中的导演

在短视频平台上，一些热门的短视频均取材于日常生活，如图 6-1 所示。许多人想要分享生活，却不知道从何入手。短视频的拍摄看似简单，实际操作却涉及复杂的构图形式和光影技巧。为什么有些人拍出来的作品备受喜爱，而有些人拍出来的作品却反响平平，这确实与运气有关，但主要影响因素还是对内容的规划。提前做好内容规划，熟练运用前文所讲的各种拍摄技巧，你就很有可能交出一份专业、漂亮的答卷。

创作者如果能够从生活中的琐碎小事中提炼素材，就能拍出非常生活化且具有幸福感的短视频，这类短视频更能引起观众的共鸣。在本章中，编者将结合自己的拍摄经验，详细剖析几种不同类型的短视频的创作过程和拍摄技巧，大家可以反复阅读，揣摩编者的拍摄意图和拍摄技巧。

图 6-1

6.1 拍摄地方特色美食短视频

近年来，短视频数量呈现井喷式增长，美食类短视频作为其中的一个细分领域，在各大短视频平台的地位不容小觑。如今，随着用户量的逐渐增多及用户圈层的不断细化，用户对垂直类内容的需求不断增长，美食类短视频逐渐走向行业高位，开始受到观众和资本的青睐。

本例的拍摄地点位于桂林阳朔的竹窗溪语酒店，编者利用优美的自然环境及舒适的室内环境来展示广西的非物质文化遗产——恭城油茶的制作过程。本例的成片效果如图 6-2~ 图 6-7 所示。

图 6-2

图 6-3

图 6-4

图 6-5

图 6-6

图 6-7

6.1.1 策划分镜头脚本

食物的烹调主要在室内完成，由于室内场景的局限性，以及当前环境中可利用的道具有限，为了避免在拍摄时出现“不知道拍什么”的情况，在开始拍摄短视频前可以重点策划分镜头脚本，这样能保证拍摄工作的顺利进行。下面简单列举了编者根据本次场景策划的部分分镜头脚本，如表 6-1 所示。大家在实际操作中，可以根据自身情况进行适当调整。

表 6-1

景别	镜头运动	拍摄细节
远景	固定	拍摄一段田园延时视频
中景	往前推	镜头向人物推进，人物手捧油茶向镜头展示
特写	往右移	拍摄桌上的食材
中景	往前推	人物走到桌边准备烹调
特写	固定	人物手部特写，做开火烹调的准备工作
特写	固定	火苗特写
特写	往后拉	往锅中放油
中景	往前推	人物伸手，准备端起盛有食材的容器
特写	往左移	人物端起盛有食材的容器
近景	固定	往锅中倒食材
特写	固定	依次往锅中加入葱、姜、蒜等
中景	往前推	人物敲打锅内食材
特写	固定	敲打锅内食材的特写
特写	往左移	从碗中舀起一勺油
中景	往前推	人物拿起勺子往锅中放油
特写	固定	继续敲打锅中食材
特写	往左移 / 往右移	展示桌上的油果、花生等配料
中景	往前推	往锅中倒入热水
特写	往右移	边敲打食材边往锅中添加热水
特写	固定 / 往右移	熬煮锅中食材至沸腾
特写	往右移	用筛子过滤油茶渣
中景	往前推	人物端起碗，向碗中加配料
特写	往左移	向碗中加盐、油果、香菜等配料
近景	固定	人物站在室外，端起碗喝油茶

6.1.2 拍摄技巧详解

在制作油茶之前，准备好食材，并对食材进行合适的摆盘，以获取最佳的拍摄效果。需要注意的是，相较于其他拍摄对象，食材有拍摄时间限制，比如一些需要冷藏的食材在常温下可能会随着时间流逝出现融化、变色等情况。因此在拍摄前，大家可以根据自己的拍摄情况，适当地多准备几份食材，以备不时之需。

由于烹调是一项具有即时性的工作，额外架设三脚架需要花费较多的时间，因此编者在拍摄时全程采用手持拍摄的方式，这样可以及时捕捉到烹调时不同角度下的画面。如果室内的光线条件较差，大家也可以提前做好布光工作。

下面将详细介绍部分镜头的拍摄手法。拍摄者双手横持手机，上臂紧贴身体两侧，以确保拍出相对稳定的画面。

在拍摄室内场景前，可以考虑将桌子摆在靠近落地窗的位置，这样能够获得较高的采光率及较好的视野。在拍摄这组室内中景画面时，拍摄者可将手机放在与自己胸部等高的位置，将镜头对准窗边的桌子，确保能同时拍摄到窗外的风景及桌上的食材。确定好构图后，点击拍摄按钮开始拍摄，人物从画面外慢慢走入画面内，如图 6-8 和图 6-9 所示。

图 6-8

图 6-9

在拍摄食材的特写镜头前，可以对食材进行简单的摆盘。例如在制作本例所呈现的油茶时，需要用到花生、茶叶等多种食材，拍摄前可以将食材分类摆好，如图 6-10 所示。这样在拍摄时可以呈现出较为舒适的视觉效果。

拍摄时，双手持机靠近食材，在正式拍摄前需要锁定曝光及对焦，以免拍摄时由于手机离食材过近，出现虚焦的情况。完成准备工作后，点击拍摄按钮，双手持机匀速向右移动拍摄食材，如图 6-11 所示。

图 6-10

图 6-11

按照上述方法，可以尝试多拍摄几组食材的特写镜头，从不同角度展现食材，以丰富短视频的内容，如图 6-12 和图 6-13 所示。

图 6-12

图 6-13

除了可以拍摄食材的特写镜头，还可以拍摄人物在烹调过程中手部动作的特写镜头，比如从人物侧面拍摄烹调时点火的手部动作，这样可以为短视频增添生活气息，如图 6-14 和图 6-15 所示。

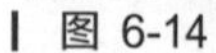

图 6-14

图 6-15

为了全方位地展现食材的烹调过程，可以持机靠近油锅（注意安全），近距离拍摄食材下锅的过程，如图 6-16 和图 6-17 所示。

图 6-16

图 6-17

同样，将食材全部放入锅中后，用手机近距离拍摄敲打食材的过程，可以拍摄多个不同角度的镜头，以便后期筛选，如图 6-18 和图 6-19 所示。

图 6-18

图 6-19

在完成烹调过程的录制后，拿上成品去室外，借着自然光，尝试从不同角度拍摄人物品尝油茶的画面，将自然环境与美食巧妙结合，从而让观众感觉心旷神怡，如图 6-20 和图 6-21 所示。

图 6-20

图 6-21

拍摄完毕后，可以在视频剪辑软件中进行裁剪和组接，并对画面进行调色，添加背景音乐和解说字幕等。加工润色后的部分画面效果如图 6-22~图 6-29 所示。

图 6-22

图 6-23

图 6-24

图 6-25

图 6-26

图 6-27

图 6-28

图 6-29

6.2 利用组合镜头拍摄台球室

组合镜头简称“组镜”，其作用在于巧用不同景别交代一个场景或一个事件。本节所讲的例子是如何一个人使用手机拍摄台球室场景。本例的知识点主要有两个，一是组合镜头的运用方法，二是用手机自拍的方法。在拍摄前，大家可以先准备一个三脚架，用于架设手机，从而独立完成拍摄。

在拍摄前，需要有一个整体思路，即大家常说的拍摄规划，比如打台球前需要做什么？怎么打台球？应当提前规划好要交代的人物和地点以及人物想要表达的情感等。本例的成片效果如图 6-30~ 图 6-35 所示。

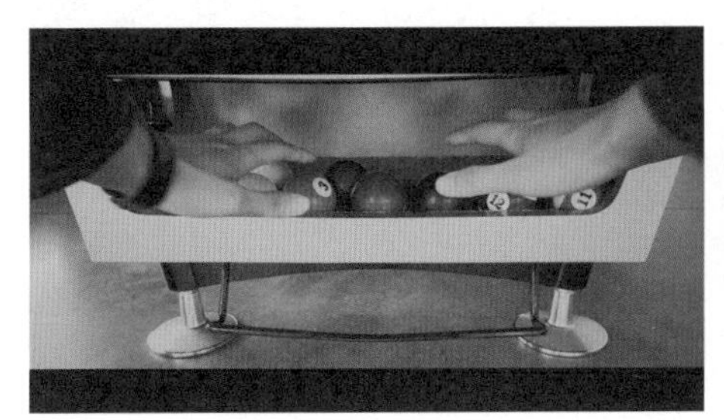

图 6-30

图 6-31

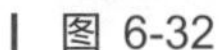

图 6-32

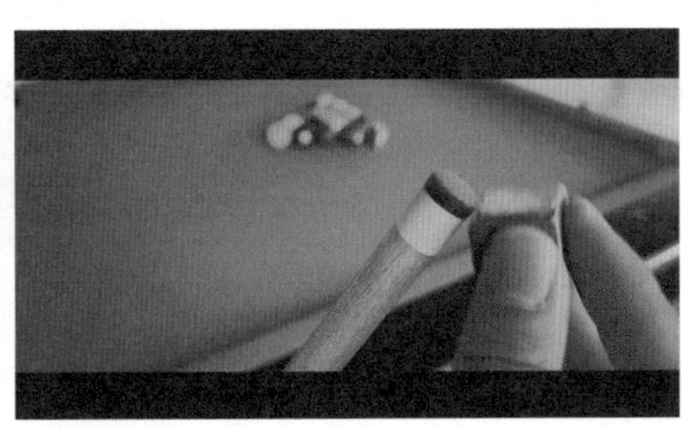

图 6-33

图 6-34

图 6-35

下面将逐步讲解该场景的拍摄手法。

6.2.1 用固定镜头拍摄集球箱

拍摄第一个镜头前，使用三脚架固定手机，然后将三脚架放在集球箱前，拍摄一组“手抓球—放球”的画面，如图 6-36 和图 6-37 所示。

图 6-36

图 6-37

这里需要注意的是，在架好三脚架开始拍摄前，应将手机原相机打开，在横屏状态下，使焦点位于集球箱这一主体上，并锁定曝光及对焦，如图 6-38 和图 6-39 所示。

图 6-38

图 6-39

完成上述准备工作后，点击拍摄按钮开始拍摄，同时做出拿球上桌的动作，拍摄效果如图 6-40 和图 6-41 所示。

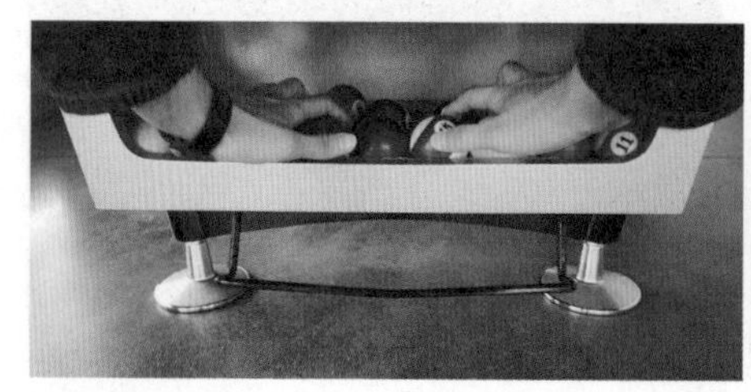

图 6-40

图 6-41

6.2.2 基于球与桌面的关系进行拍摄

下面拍摄第二个镜头。基于球与桌面的关系，大家可以尝试以下两种拍摄手法。

- 将手机贴在球的上方，拍摄特写镜头。
- 拍摄一个中景或全景画面，在画面中增大桌面（蓝色）的面积。

使手机靠着库边，以保证其稳定性，手机摆放的位置如图 6-42 所示。打开手机原相机，调整好画面构图，锁定曝光及对焦，如图 6-43 所示。

图 6-42

图 6-43

点击拍摄按钮开始拍摄，将球从集球箱中取出，随意地摆放在桌面上，注意不要超出镜头范围，如图 6-44 和图 6-45 所示。

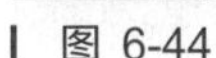

图 6-44

图 6-45

拍完将球放到桌面上这一过程的特写镜头后，可以尝试拍摄人物镜头。准备好三脚架，将其调整到适宜的高度并放在桌面上，如图 6-46 所示。打开手机原相机，调整好画面构图，锁定曝光及对焦，这里可以将桌面作为前景、窗外风景作为背景，如图 6-47 所示。

图 6-46

图 6-47

点击拍摄按钮开始拍摄，人物自然地走到镜头前，并做出取球或摆球等动作，如图 6-48 和图 6-49 所示。

图 6-48

图 6-49

在上一个镜头的基础上，可以俯拍一个镜头来重点表现摆球的瞬间。调整三脚架至适宜的位置及高度，并将镜头对准桌面拍摄，如图 6-50 和图 6-51 所示。

图 6-50

图 6-51

在摆好球后，继续拍摄一段拿走三角框的镜头。将设备放在合适的位置，可以将三脚架折叠，以使手机更好地立于桌面之上，通过倾斜且带有张力的视角，营造一种纵深感，如图 6-52 和图 6-53 所示。

图 6-52

图 6-53

延伸讲解

在拍摄台球的特写镜头时，尤其要注意细节的表现。比如在拍摄时，可以使球上的数字面向镜头，以增强画面的表现力。另外，在拍摄时可遵循一定的构图原则，比如以对称构图来表现画面的稳定性。

完成准备工作后，点击拍摄按钮开始拍摄，人物自然地拿起三角框，如图 6-54 和图 6-55 所示。

图 6-54

图 6-55

6.2.3　灵活展现空间全貌

完成一系列摆球镜头的拍摄后，接下来就可以通过全景来展现空间的全貌。在拍摄全景时，高机位的表现力强于低机位，所以可以在房间中找到一个较高的位置来放置设备，比如书架、楼梯等，高度不够的话还可以借助凳子，以呈现一种较为理想的构图形式，如图 6-56 和图 6-57 所示。

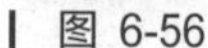
图 6-56

图 6-57

做好上述准备工作后，点击拍摄按钮开始拍摄，人物缓缓走进画面，可以承接上一个镜头，做出相同的动作，以确保两个镜头的连贯性，如图 6-58 和图 6-59 所示。

图 6-58

图 6-59

下面将拍摄一个以球杆墙为主体的画面。将三脚架移动到合适的位置，并调整到合适的高度，以找到一个平角度，如图 6-60 和图 6-61 所示。

图 6-60

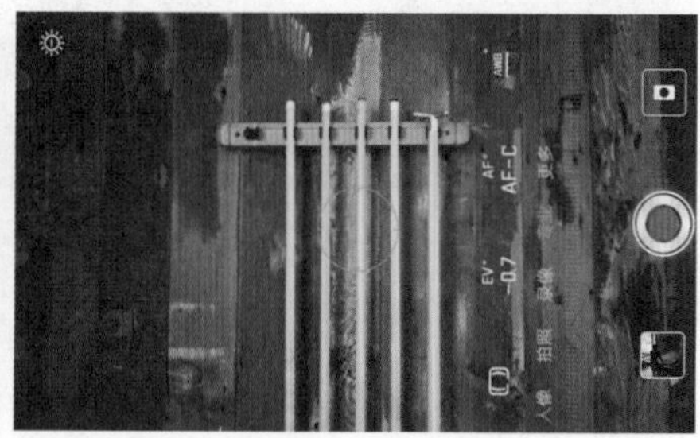

图 6-61

点击拍摄按钮开始拍摄，人物的手部入镜，做出拿球杆的动作，如图 6-62 和图 6-63 所示。

图 6-62

图 6-63

在拍摄球杆墙时，构图可遵循“横平竖直”的原则，以拍出规整且严谨的画面。此外，在拿起球杆时，手部应垂直向镜头靠近，再出画。这样一来，当手部靠近镜头的时候，画面会产生一定的视觉冲击力。

为了使同一个场景中的内容更加丰富，可以加拍一个球杆墙的特写镜头。将三脚架的位置放低，以低角度拍摄球杆墙，着重表现球杆的纹理和质感，如图 6-64 和图 6-65 所示。

图 6-64

图 6-65

运用低角度拍摄球杆墙可产生较强的透视感，这种手法在拍摄中被称为“张力偷窥”。

点击拍摄按钮开始拍摄，再次做出拿球杆的动作，如图 6-66 和图 6-67 所示。同一个镜头可以多拍几组，方便后期进行筛选和裁剪。

图 6-66

图 6-67

6.2.4　利用逆光拍摄剪影

因为当前场景中有一扇采光极佳的窗户，所以可以巧妙借用逆光拍摄一组剪影镜头。将三脚架立于台球桌上，调整到合适的高度，并将镜头对准窗户，锁定曝光及对焦，如图 6-68 和图 6-69 所示。

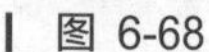

图 6-68

图 6-69

技能精讲：怎样避免画面过于单调?

在当前场景中，始终拍摄固定的人物和场景可能会令画面稍显单调。在拍摄时，可以多观察周边有什么有趣的事物，比如编者在拍摄时，看到窗外有划船经过的人，便迅速拍摄了一段“人景合一”的全景素材，如图 6-70 和图 6-71 所示。在后期剪辑时，这个镜头也许能帮助我们弥补一些不足，无论是将其作为一个转场镜头还是其他镜头，都能在一定程度上丰富短视频的内容。

图 6-70

图 6-71

固定好机位后，点击拍摄按钮开始拍摄，人物缓缓走进画面并站到窗前，同时做出往皮头上打巧克粉的动作，如图 6-72 和图 6-73 所示。

图 6-72

图 6-73

下面拍摄球杆皮头的特写镜头。将三脚架放在台球桌的一侧，将台球桌及桌面上的球作为背景，此时画面色调以蓝色为主。接着，将球杆移入画面，将焦点对准皮头并锁定，背景将被虚化，产生较好的景深效果。点击拍摄按钮开始拍摄，手拿巧克粉块擦拭皮头，如图 6-74 和图 6-75 所示。

图 6-74

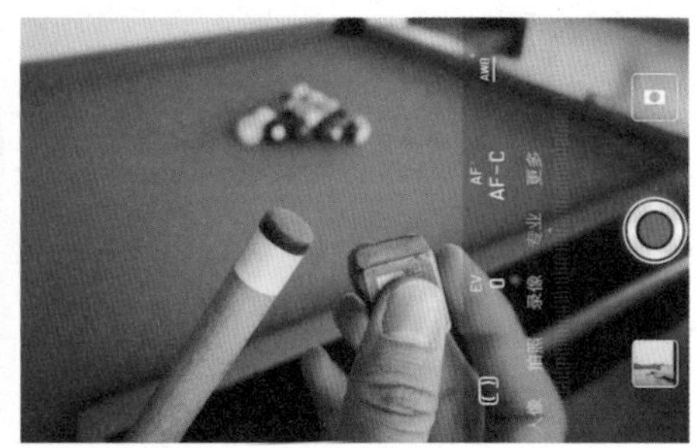

图 6-75

基于皮头、球和桌面三者之间的关系，可以考虑拍摄一个开球的特写镜头。这里编者还是选择利用三脚架，使手机尽可能地贴近桌面来拍摄球的特写镜头；同时结合当前的光影环境选择使用逆光进行拍摄，以获得较为丰富的明暗层次，如图 6-76 和图 6-77 所示。

图 6-76

图 6-77

延伸讲解

> 在逆光环境下拍摄球的特写镜头时，编者选择将球放在画面中偏上的位置，因为在画面下方所形成的阴影暗度较为丰富，这样拍出的画面独具美感。

完成上述准备工作后，点击拍摄按钮开始拍摄，然后在镜头前做出要开球的动作，如图 6-78 和图 6-79 所示。

图 6-78

图 6-79

为了保证镜头之间的连贯性，可以拍摄一个后手运杆的局部镜头来承接上一个镜头。同样，调整三脚架至合适的高度及位置，锁定曝光及对焦后，点击拍摄按钮开始拍摄，人物俯身贴近桌面，做出开球动作，如图 6-80 和图 6-81 所示。

图 6-80

图 6-81

将三脚架尽可能升高（保持平角度），并放在台球桌的正后方，可以将窗外的建筑适当纳入画面，如图 6-82 和图 6-83 所示。

图 6-82

图 6-83

架好三脚架后，锁定曝光及对焦，点击拍摄按钮开始拍摄，人物走到台球桌的一端开球，如图 6-84 和图 6-85 所示。

图 6-84

图 6-85

为了更好地配合开球动作，这里选择用俯角度来表现母球撞击球堆的瞬间。将散落的球重新摆好，并将三脚架架到桌面上，对准摆好的球，取景范围可以大一些，以确保后续可以拍到球完整的运动轨迹，如图 6-86 和图 6-87 所示。

| 图 6-86

| 图 6-87

点击拍摄按钮开始拍摄，人物站在台球桌的一端开球，此时将拍摄到极具爆发力的开球画面，如图 6-88 和图 6-89 所示。

| 图 6-88

| 图 6-89

6.2.5　重点表现击球动作及力度

球散开后，接下来就可以重点表现人物打球时的神态、动作等，通过合适的景别展现人物和空间的关系，诠释人物的内心。在拍摄时，人物的走位等都是可以着重表现的细节。在这里编者选择率先展示大场景，然后再刻画细节部分。

将机位移到离台球桌稍远的位置，并保持一定的高度，以确保将当前场景尽可能多地收入画面，在锁定画面曝光及对焦以后，点击拍摄按钮开始拍摄，人物自然地走入取景范围，并做出击球动作，如图 6-90 和图 6-91 所示。

图 6-90

图 6-91

在实际拍摄中，为了避免画面单调、无趣，人物可以在画面中来回走动，从不同方向击球，拍摄效果如图 6-92 和图 6-93 所示。

图 6-92

图 6-93

拍摄完上述场景后，承接最后一个进球的动作，可以继续拍摄一个进球的近景镜头。将球重新摆好，并将机位挪动到台球桌的一角，以球洞作为前景，如图 6-94 和图 6-95 所示。

图 6-94

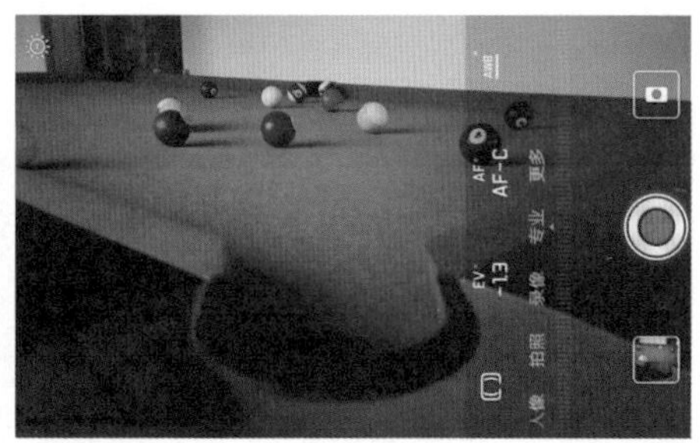

图 6-95

准备工作完成后，点击拍摄按钮开始拍摄，人物再次做出击球的动作，此时被击打的球将朝镜头方向滚去，形成较为强烈的视觉冲击感，如图 6-96 和图 6-97 所示。

图 6-96

图 6-97

下面将使用特写镜头来持续表现球落入球洞的画面，要表现这样的画面，需要将机位架设在靠近洞口的位置，这样能近距离地捕捉到球入洞的瞬间，如图 6-98 和图 6-99 所示。

图 6-98

图 6-99

参照上述方法，尝试将机位架设在不同的洞口处，多拍摄几组球进洞的素材，保证镜头的连贯性，拍摄效果如图 6-100~ 图 6-103 所示。

图 6-100

图 6-101

| 图 6-102

| 图 6-103

除了拍摄球进洞的特写镜头，人物还可以将机位放置在洞口附近，然后拿着球杆做出击打镜头的动作，这样同样可以营造较强的视觉冲击感，如图 6-104 和图 6-105 所示。

| 图 6-104

| 图 6-105

完成镜头的拍摄后，对镜头进行裁剪、组接。在剪辑的过程中应遵循镜头之间的逻辑关系，并把握好镜头的衔接技巧，同时可以进行调色、添加背景音乐等加工操作。加工润色后的部分画面效果如图 6-106~ 图 6-111 所示。

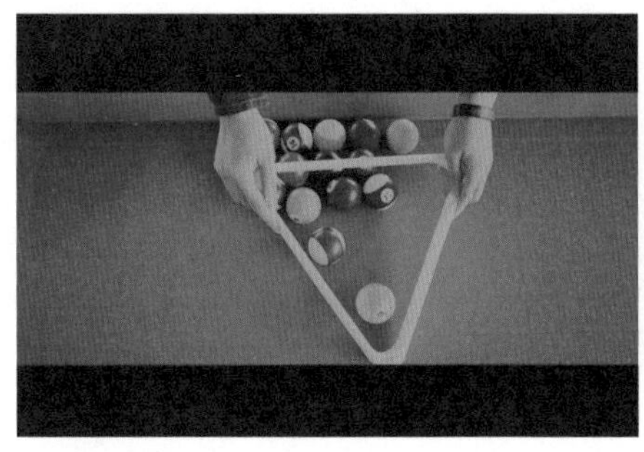

| 图 6-106

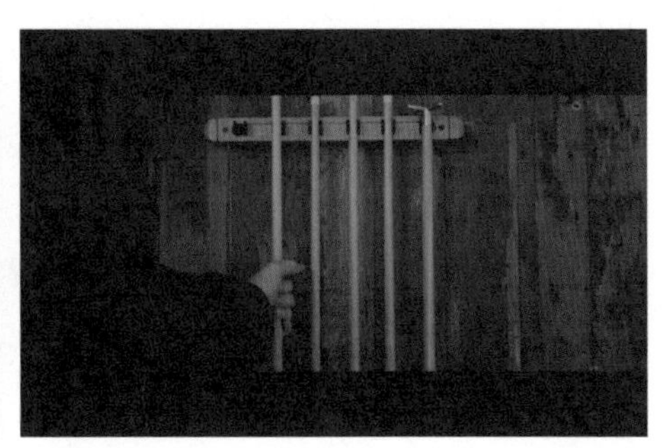

| 图 6-107

图 6-108

图 6-109

图 6-110

图 6-111

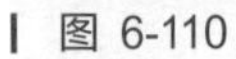

6.3 拍摄个人旅行短视频

旅行是现代人生活的重要组成部分。在旅途中，我们可以拍摄自然风光，也可以拍摄人文风俗或记录自己的心路历程，拍摄旅行短视频的目的更多的是展现自己的生活态度，表达自己对生活的热爱。美丽的风景就要用文艺的方式来呈现，我们应学会运用动人的文案、真切的情感及绝美的风景，谱写动人的影像诗篇。在实际拍摄中，我们可以通过镜头语言，并结合之前所学的一些理论知识，独立完成旅行短视频的创作。

在拍摄前，我们可根据当前所处的环境拟写合适的文案，可以提前选好需要用到的音乐，后期根据文案和音乐可以更便捷地组织画面。

本例的成片效果如图 6-112~ 图 6-117 所示。

图 6-112

图 6-113

图 6-114

图 6-115

图 6-116

图 6-117

6.3.1　分镜头的拍摄方法

无论是自拍还是他拍，事先都要准备好三脚架，以确保拍出足够稳定的画面。有条件的读者也可以准备一种手持稳定设备，以便拍摄一些跟拍或运动镜头。

编者所构思的第一句文案是“我坐在窗边”，为了与这句文案形成呼应，编者依次拍摄了 3 个镜头。

第一个镜头，编者选择拍摄一个人物坐在沙发上的场景。将机位架设在合适的位置，取景框对准沙发所处的区域，如图 6-118 和图 6-119 所示。由于提前规划好了人物要坐在沙发上，因此在设置对焦时，编者将手机原相机的焦点对准沙发，并将其锁定，以保证在后续拍摄中，焦点始终对准沙发区域（即人物身上）。

图 6-118

图 6-119

延伸讲解

由于处于室内拍摄环境，同时受自然光的影响，因此画面可能会过曝或过暗，此时就需要读者自行调整手机原相机的曝光度，并将其锁定，以确保后续拍摄能够顺利进行。

在完成构图并调试好设备后，点击拍摄按钮开始拍摄，人物从画外缓缓走入画内，坐在沙发上做出翻书或喝茶的动作，如图 6-120 和图 6-121 所示。

图 6-120

图 6-121

在拍摄前可以准备一本书或一杯茶，并打开窗边的台灯，这样可以营造更有意境的画面。

第二个镜头为人物的中景镜头。将机位架设在沙发的一侧，将镜头对准窗户所在的方位，可以将窗外的风景适当地收入画面，调整并锁定曝光及对焦，如图 6-122 和图 6-123 所示。

图 6-122

图 6-123

点击拍摄按钮开始拍摄，承接拍摄的第一个镜头，人物坐在沙发上，随意翻书或喝茶，如图 6-124 和图 6-125 所示。

图 6-124

图 6-125

这里需要注意的是，大家在自拍时，对同一个镜头可以尝试不同方位、不同拍法，特别是新手，多尝试、多构思，拍摄时多囤积镜头，这样更有利于后期剪辑。

第三个镜头可以持续表现人物和窗户（窗外风景）的关系。将机位架设在沙发的前方，调整到合适的拍摄高度，从正面录制人物的动作。调整好构图及光线，注意画面中要预留一部分空间以展示窗户或窗外风景（灵活把控画面比例），如图 6-126 和图 6-127 所示。

调整好拍摄参数后，点击拍摄按钮开始拍摄，人物坐在沙发上，拿起茶杯喝茶，放下茶杯，再望向窗外，自然地完成这一系列动作，如图 6-128 和图 6-129 所示。

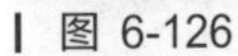

图 6-126

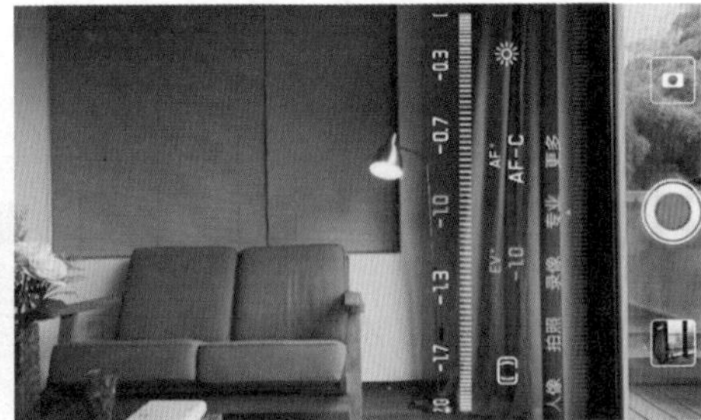

图 6-127

图 6-128

图 6-129

6.3.2 多景别表现人物与环境的关系

编者构思的第二句文案是“看着美好的乡间景色”，这里可以利用房间的落地窗来进行创作，以展现人物起身，然后推开落地窗，准备去看户外风景的画面，这样画面就能很好地契合文案。

正对着落地窗架设机位，这里编者采取了低机位拍摄，镜头比平角度稍低一些，这样可以将人物拍得更加高大，构图时注意把控室内场景与落地窗的比例，如图 6-130 和图 6-131 所示。

图 6-130

图 6-131

准备工作完成后，点击拍摄按钮开始拍摄，人物从沙发上起身，然后缓缓向落地窗走去，打开窗门，走向户外，如图 6-132 和图 6-133 所示。

图 6-132

图 6-133

承接上一个人物走出房间的镜头，此时可尝试接拍一个人物欣赏乡间美景的近景镜头。将机位架设在栏杆旁，调整到合适的高度，并将镜头对准阳台，注意在画面中预留一部分落地窗，以展现人物推开窗门的动作，如图 6-134 和图 6-135 所示。

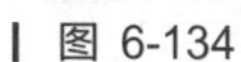

图 6-134

图 6-135

准备工作完成后，点击拍摄按钮开始拍摄，此时人物从室内推窗门而出，在向前走的过程中环视四周风景，拍摄的画面效果如图 6-136 和图 6-137 所示。

图 6-136

图 6-137

在拍摄上述镜头时，编者巧妙地利用了落地窗的反光，将户外风景投射到了玻璃之上，形成了较好的镜面效果。

下面拍摄一个手部的特写镜头。将机位对准阳台栏杆，注意将手机相机的焦点对准并锁定在栏杆位置，如图 6-138 和图 6-139 所示。

图 6-138

图 6-139

点击拍摄按钮开始拍摄，人物可以将双手自然地搭在栏杆上方，如图 6-140 和图 6-141 所示。

图 6-140

图 6-141

接下来，编者尝试调整手机方位，目的是将周边的风景拍进画面。将机位架设在离人物稍远的位置，在构图时注意把控室内环境与室外风景在画面中占据的比例，如图 6-142 和图 6-143 所示。

图 6-142

图 6-143

完成准备工作后，点击拍摄按钮开始拍摄。为了确保画面的连贯性，人物可以重复之前的动作，从室内走向室外，双手搭在栏杆上，然后一边欣赏风景，一边走近镜头，如图 6-144 和图 6-145 所示。

图 6-144

图 6-145

6.3.3 拍摄室外环境

拍完上述镜头后，可以来到户外继续拍摄。在户外，为了尽可能多地将风景收进画面，在三脚架不够高的情况下，可以借助椅子等物体垫高机位，将镜头对准一处高地，这里编者选择以建筑的门牌作为前景，以营造适当的空间纵深感，如图 6-146 和图 6-147 所示。

图 6-146

图 6-147

架设好机位后，点击拍摄按钮开始拍摄，人物在石阶上做相应的动作即可，画面效果如图 6-148 和图 6-149 所示。

图 6-148

图 6-149

在拍摄下个镜头前调整机位，将镜头对准建筑门牌，可以使用低机位营造仰视效果，以此来凸显建筑的高大，如图 6-150 和图 6-151 所示。

图 6-150

图 6-151

点击拍摄按钮开始拍摄，人物从镜头前缓缓走过并看向门牌，如图 6-152 和图 6-153 所示。

图 6-152

图 6-153

下面将利用大环境，拍摄一段空镜头作为过渡镜头。这里编者选择将建筑旁的一片竹林作为取景地，将机位架设在正对竹林的地方，拍摄一段空镜头，如图 6-154 和图 6-155 所示。

| 图 6-154

| 图 6-155

在拍摄空镜头时，拍摄的时长取决于自己想要表达的情绪，时长为 30 秒和 60 秒的画面效果是不一样的，时间越长，说明人物思考的时间越长，画面效果也会有所不同。

6.3.4 俯拍景色与人物

因为建筑是双层楼，同时楼下有一个泳池，所以这里编者将运用“俯拍 + 对比色”的技巧来进行拍摄。将机位架设到二楼的阳台，镜头对准下方的泳池和地面，注意把握拍摄对象所占的比例，如图 6-156 和图 6-157 所示。

| 图 6-156

| 图 6-157

准备工作完成后，点击拍摄按钮开始拍摄，人物从画外走入画内，这里人物穿着黄色的上衣，手上端着同色系果盘，与蓝色的泳池形成了不错的视觉对比效果，如图 6-158 和图 6-159 所示。

图 6-158

图 6-159

俯拍结束后，编者选择继续拍摄两个特写镜头。首先，手持手机对准果盘，利用角度构图，缓缓靠近果盘拍摄特写镜头，如图 6-160 和图 6-161 所示。

图 6-160

图 6-161

将机位架设在桌子旁边，镜头依旧对准果盘，点击拍摄按钮开始拍摄，人物伸手去拿果盘内的水果，如图 6-162 和图 6-163 所示。

图 6-162

图 6-163

承接上一个镜头，编者继续采用低机位来拍摄人物吃水果，并欣赏远处风景的镜头。调整机位的高度和位置，将镜头对准桌椅，完成准备工作后，点击拍摄按钮，拍摄人物坐在桌前吃水果的镜头，如图 6-164 和图 6-165 所示。

图 6-164

图 6-165

在拍摄时，大家可以充分利用周边的环境来拍摄不一样的画面。比如这里编者选择手持手机，在泳池边拍摄一段跳入泳池的画面。用自拍杆固定手机，取景画面面向自己，以便查看拍摄实况，单手举高手机对准自己，如图 6-166 和图 6-167 所示。

图 6-166

图 6-167

需要注意的是，在拍摄此类镜头时，一定要注意安全。在举着手机自拍时，从泳池边缓缓跳入水中，在确保安全的同时，可以拍摄出极具视觉冲击感的镜头，如图 6-168 和图 6-169 所示。

图 6-168

图 6-169

除此以外，在跳入泳池后，还可以采用一些固定机位拍摄人物在泳池里游泳、玩耍的镜头，以增加作品的趣味性和生活感，如图 6-170 和图 6-171 所示。

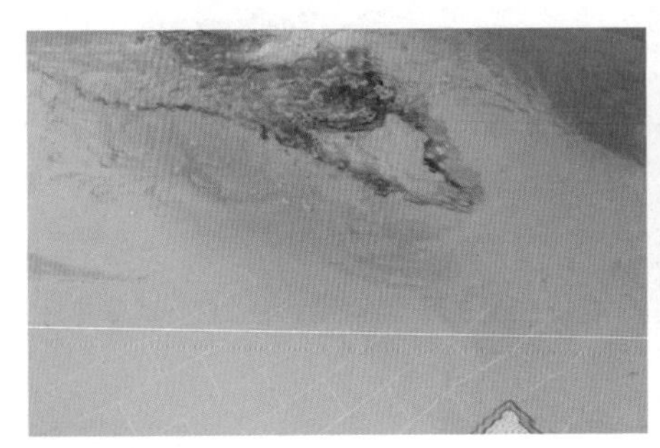

图 6-170

图 6-171

完成镜头的拍摄后，对镜头进行裁剪、组接。在剪辑的过程中应遵循镜头之间的逻辑关系，并把握好镜头的衔接技巧，同时可以进行调色、添加背景音乐、添加字幕等加工操作。加工润色后的部分画面效果如图 6-172~ 图 6-177 所示。

图 6-172

图 6-173

图 6-174

图 6-175

图 6-176

图 6-177

6.4 拍摄办公室场景短视频

短视频具备较强的社交媒体属性，并且制作成本低、传播效率高、覆盖范围广，企业可以通过拍摄短视频在各个平台快速积累人气，打响品牌的知名度。

一般来说，企业宣传类短视频的拍摄会涉及办公室场景的拍摄，由于不同企业的办公环境有所差异，因此在拍摄之前可以花些时间观察办公环境，看看周围有哪些可以利用的景观及道具，并根据环境进行较为细致的策划和设计。

本例的成片效果如图 6-178~图 6-183 所示。

图 6-178

图 6-179

图 6-180

图 6-181

图 6-182

图 6-183

下面将介绍办公室场景短视频的拍摄手法。

6.4.1 熟悉办公环境

根据各企业的性质的不同，常见的办公环境可以分为以下几种。

- 房间式单人办公环境：多为单人独室，人物在宽大的办公桌前批阅文件、写字、看书、使用电脑等。
- 房间式多人独立办公桌队列式办公环境：一般为中型办公室，多人集体办公，办公桌有序摆放。
- 整体隔断敞开式集体办公环境：办公环境较为宽敞，员工在独立的隔断间办公，多见于企业行政或技术部门。
- 营业大厅敞开式办公环境：以柜台为主，常见的有银行、行政中心等的服务窗口。

办公环境中的陈设多种多样，大家在拍摄前应多观察，结合环境布局，运用不同的景别镜头来表现办公环境与人物的关系。

6.4.2 开场大环境拍摄

本例所拍摄的办公环境属于房间式单人办公环境，如图 6-184 和图 6-185 所示，如何在有限的空间里表现办公环境与人物的关系，是大家需要重点思考的问题。

图 6-184

图 6-185

拍摄的第一个镜头是人物推门进入办公室的画面，拍摄者持手机站在离门稍远的地方，将镜头对准门，这里拍摄者可以呈半蹲姿势，以仰角度去呈现画面，如图 6-186 和图 6-187 所示。

图 6-186

图 6-187

点击拍摄按钮开始拍摄，人物缓缓走向门并打开门，拍摄效果如图 6-188 所示。为了更好地衔接镜头，拍摄者可以进入办公室，将镜头对准门，拍摄一段人物走进办公室时的画面，如图 6-189 所示。

图 6-188

图 6-189

在进入办公室后，可以根据环境拍摄人物坐在沙发上翻阅资料的镜头，并衔接一段资料的特写镜头，如图 6-190 和图 6-191 所示。

图 6-190

图 6-191

6.4.3 利用小物件充当前景

由于办公室空间有限，营造景深效果并不容易。若在拍摄时想要营造一些极具氛围感的景深效果，可以借助办公室中陈列的小物件来充当前景。比如，这里编者选择了桌上的撞球摆件作为前景。拍摄时，将撞球摆件放在人物前方，将镜头靠近摆件，以晃动的钢球作为前景，钢球在摆动的过程中，可以营造较好的画面动感，如图 6-192 和图 6-193 所示。

图 6-192

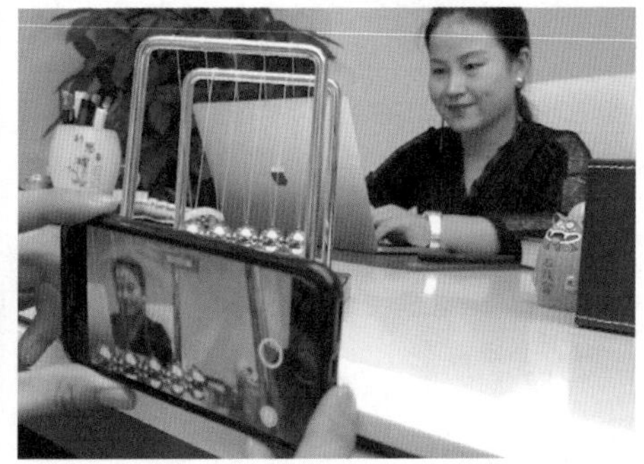

图 6-193

画面效果如图 6-194 所示。除此以外，在拍摄时灵活运用摆件的反光面，也能营造出不一样的画面效果，如图 6-195 所示。

图 6-194

图 6-195

拍摄时仔细观察办公桌上的物件，若要交代环境和人物的关系，可利用的物件有很多，简单来说，就是看看周围什么物件上有人物的反光影像，比如电脑屏幕上会呈现出人物的身影，这就是一个很好的表现点，如图 6-196 和图 6-197 所示。

图 6-196

图 6-197

利用人物身上的配饰也能营造不错的景深效果，这里编者选择将人物的耳饰作为前景，拍摄时站在人物身后，将镜头靠近耳饰，注意这里要将焦点对准耳饰，如图 6-198 和图 6-199 所示。

图 6-198

图 6-199

也可以利用桌上的绿植作为前景，透过绿植的叶片营造一种向内窥探的视觉效果，如图 6-200 和图 6-201 所示。

图 6-200

图 6-201

拍摄效果如图 6-202 和图 6-203 所示，这样的画面能让观众产生身临其境的感觉。

图 6-202

图 6-203

6.4.4 朦胧移动拍摄手法

在办公桌前完成拍摄后，可以让人物坐到吧台旁拍摄其品尝红酒的镜头。在这里，为了让前后两个镜头更好地衔接起来，编者拍摄了宣传广告牌的画面作为切换镜头，如图 6-204 和图 6-205 所示。

图 6-204

图 6-205

人物坐在吧台旁，拍摄者将镜头对准人物，可以利用红酒瓶充当前景，拍摄时将焦点对准红酒瓶，从右至左缓缓移动镜头，人物呈虚化状态，如图 6-206 和图 6-207 所示。

图 6-206

图 6-207

将镜头放低一些，以吧台桌面作为前景，将焦点对准人物，吧台桌面在画面中占有一半的比例，呈虚化状态，这样能产生较好的景深效果，如图 6-208 和图 6-209 所示。

图 6-208

图 6-209

巧妙利用办公室中的盆栽，也能营造出良好的朦胧氛围感。将镜头靠近人物，在镜头前可以摆放一盆小型盆栽，如图 6-210 和图 6-211 所示。

图 6-210

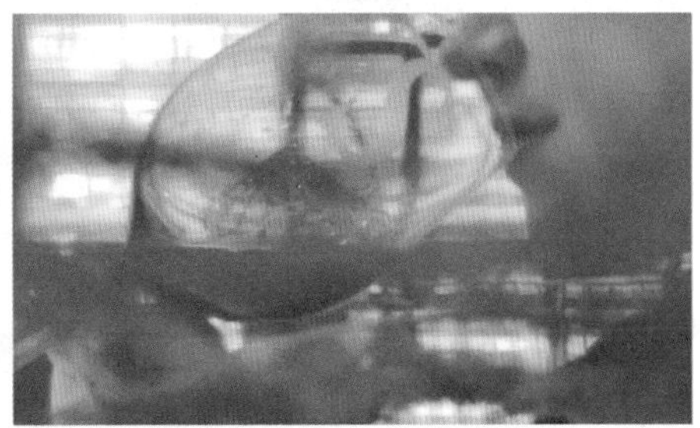

图 6-211

由于办公室位于高楼之中，因此还可以靠近窗边，采集一些窗外高楼林立的镜头，来丰富短视频的结构，如图 6-212 和图 6-213 所示。

图 6-212

图 6-213

完成镜头的拍摄后，对镜头进行裁剪、组接，在剪辑的过程中应遵循镜头之间的逻辑关系，并把握好镜头的衔接技巧，同时可以进行调色、添加背景音乐、添加字幕等加工操作。加工润色后的部分画面效果如图 6-214~ 图 6-221 所示。

图 6-214

图 6-215

图 6-216

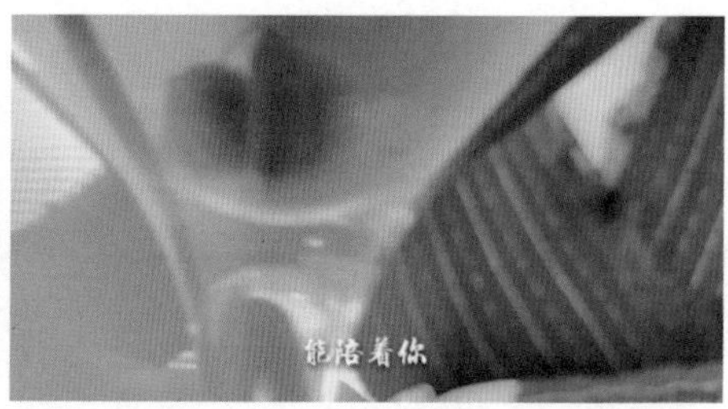

图 6-217

图 6-218

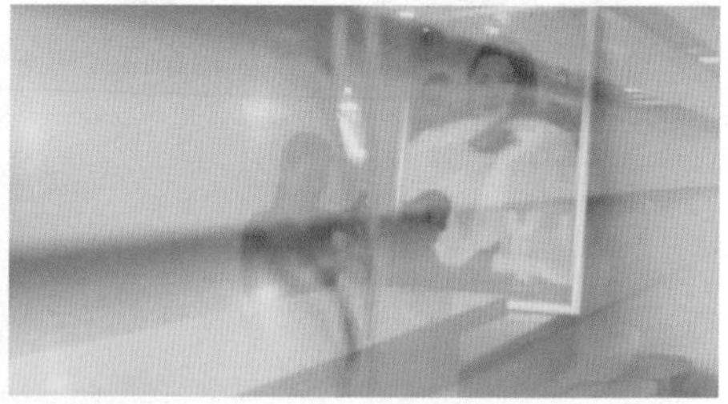

图 6-219

图 6-220

图 6-221

第7章 视频剪辑，一部手机就能搞定

00:00

拍摄是短视频创作过程中相对比较简单的环节，要想得到酷炫的画面效果，后期处理的环节是少不了的。有经验的短视频创作者都知道，没有浑然天成的拍摄，只有用心良苦的剪辑。过去，视频剪辑工作主要是依托电脑完成的，专业度极高的视频剪辑软件只有专业人士才会使用，普通人如果想要完成视频的剪辑处理，既要购买专业的设备及软件，又要花费足够的时间和精力去学习。诸多因素将一部分视频剪辑“小白”挡在了“门外”。

如今，随着智能手机性能的提高和短视频市场的壮大，视频剪辑处理的重心开始从电脑端过渡到移动端，无论是专业创作者还是新手，纷纷拿起手机进行拍摄和剪辑，这种一气呵成式的工作方式大大提升了他们的创作效率。本章将介绍几款编者常用的手机视频剪辑软件，并分享相关的剪辑思路与技巧，以及镜头和转场的相关用法。

7.1 短视频剪辑基础知识

在正式开始学习短视频剪辑前，先带领大家学习一些剪辑思路及镜头组接技巧，掌握这类剪辑基础知识，可以帮助大家在剪辑工作中游刃有余地处理各类视频素材，并能使作品的各个片段呈现出良好的过渡性及逻辑性。

7.1.1 学习基本的剪辑思路

后期剪辑可以为短视频注入灵魂，可以极大限度地突出前期拍摄内容的特色、亮点，并弥补拍摄内容的不足，进一步提高成片的质量。一般情况下，基本的剪辑思路可分为以下几步。

- 第一步。选择一首适合作品风格的背景音乐，让观众在观看画面的同时，能跟随背景音乐酝酿情绪。欢快的音乐让画面显得活泼生动，大气的音乐让画面显得凝重，舒缓的音乐能增加画面的韵味性。
- 第二步。选定音乐后，开始录制旁白或同期声，也就是搭建作品的主骨架。在搭建音乐和解说结构时，先别急着剪辑，像听广播一样闭上眼睛静静地聆听音乐和解说，用心去感受，跟随音乐和解说在脑海中构建画面。
- 第三步。对画面进行粗剪，使大部分镜头的时间长度维持在 2~3 秒，针对部分较为美观的画面，其时间长度可以适当长一些。晃动幅度较大的画面则需要提前放慢，重新调整构图，使其趋于平稳。
- 第四步。精剪。首先要保证声画合一，即声音内容和画面要吻合。其次是剪辑片头、片尾和转场画面。如果片头在 15 秒内不能吸引观众，那这个片头无疑就是失败的。片尾则不要太突然地结束，而应缓慢进行，可以引导观众进行深思，也可以呼应前面片段的内容。此外，转场也很重要，合适的转场可以使观众得到休息，也可以让前后画面切换得更流畅。
- 第五步。结合镜头组接技巧，将精剪后的镜头进行组接。

7.1.2 了解镜头组接

镜头组接就是将多个独立的镜头，有逻辑、有构思、有规律地组接在一起，从而阐释或叙述某件事的发展过程。镜头的组接必须符合观众的思考方式和思维逻辑，不符合逻辑观众就会看不懂。此外，短视频表达的主题与中心思想一定要明确，只有在这个基础上才能清楚应该选用哪些镜头，怎样将镜头组接在一起。

1. 景物镜头的组接

在两个镜头之间，借助景物镜头作为过渡镜头，其中有以景为主、物为陪衬的镜头，可用于展示不同的地理环境及景物风貌，也可以表现时间和季节的更替，这就是常用的以景抒情式的表现手法。此外，还有以物为主、景为陪衬的镜头，这种镜头往往作为镜头转换后的组接镜头使用。

2. 动作组接

动作组接指借助人物、动物、交通工具等发生的动作的可衔接性，以及动作的连贯性、相似性，来转换镜头。比如，图 7-1 所示的第一个镜头是男孩正在戴头盔的画面，此时的景别为全景；图 7-2 所示的第二个镜头也是男孩正在戴头盔的画面，此时的景别为近景；图 7-3 所示的第三个镜头是男孩已经戴上头盔的画面，此时的景别为特写。这 3 个镜头想要叙述男孩戴头盔的过程，将 3 个镜头组接在一起，可以让观众明白男孩是如何戴上头盔的，这样的镜头转换自然流畅，表达十分清晰明确。

图 7-1

图 7-2

图 7-3

7.1.3 掌握镜头的组接技巧

镜头组接的技巧主要有动接动、静接静、动接静、静接动这 4 种，掌握这几种组接技巧，可以让短视频更加流畅、真实。

- 动接动：是指将两个运动的镜头组接在一起，如果两个镜头都是运动的，只要运动速度保持一致，就可以达到流畅、简洁的过渡效果。
- 静接静：是指将一个静止（或相对静止）的镜头与另一个同类镜头组接，这样同样能顺畅地完成镜头过渡，在视觉上非常流畅，可以避免大家常说的“跳”或“硬”的感觉。
- 动接静：在运动镜头动作停下来后，衔接静止镜头，哪怕停下来几帧再衔接静止镜头，整体看上去也会很顺畅，注意在拍摄时，镜头的起幅和落幅要控制在 3~5 秒。
- 静接动：即将静止镜头与运动镜头相接，与动接静相似，同样要求画面有起幅和落幅。

7.1.4 把握拍摄时各景别的时长

一般来说，远景的持续时间会长一些，近景及特写的持续时间会短一些。运动的画面的持续时间会长一些，静止的画面的持续时间会短一些。在切换镜头时，运动镜头和静止镜头要以两个及两个以上为一组出现。剪辑的第一原则是时长短于 0.5 秒的镜头让人产生印象，长于 0.5 秒的镜头让人看到形象。观众接收到画面信息后，就该切掉（多余镜头）了。各景别镜头的参考时长如表 7-1 所示。

表 7-1

景别	参考时长
远景	6~8 秒
全景	5~7 秒
中景	4~6 秒
近景	3~5 秒
特写	2~4 秒

7.1.5 学习“五镜头”拍摄法

在拍摄时，如果提前构思自己所需的镜头，根据自己掌握的镜头衔接规律，有意识地拍摄相关的运动镜头，那么在后期剪辑处理时，直接将拍摄的镜头进行组接，就可以省去很多斟酌镜头摆放位置的时间了。作为短视频新手，当拿起手机无从下手，不知从何处开始拍摄时，可以尝试“五镜头”拍摄法。这一拍摄手法适用于大部分场景，可以帮助新手迅速掌握一个场景的拍摄逻辑，还能增强短视频的完整性。

- 第一个镜头：特写镜头，介绍一个人在做什么事。
- 第二个镜头：近景镜头，介绍是谁在做这件事。
- 第三个镜头：中景镜头，介绍人物所处的环境。
- 第四个镜头：主观镜头，以人物主观视角介绍其正在做的事情。
- 第五个镜头：全景镜头，介绍人物所处的大环境。

技能精讲：新手如何挑战现场拍摄与剪辑？

传统的教学流程都是先学习理论再实践。这里编者打破了传统的教学流程，整理并归纳了一套边拍边剪的技巧，下面 5 个简单的步骤可帮助大家快速完成现场拍摄与剪辑。

- 第一步：找到一个单一的场景。
- 第二步：根据场景和当下情绪来寻找合适的音乐。
- 第三步：拍摄第一个镜头后，将其导入视频剪辑软件并挑选出好镜头。
- 第四步：拍摄第二个镜头后，继续将其导入视频剪辑软件并挑选出好镜头，注意思考以上两个镜头是否具有逻辑性。
- 第五步：以此类推，直到拍摄第一个镜头时，脑海中有后面 3 个镜头的画面，这就是带着剪辑成片的思维去拍摄。

7.2 转场的运用

视频转场又称视频过渡或切换，主要用于使视频中的一个场景平稳过渡到另一场景。大家利用转场可以改变视角，推动故事的发展，同时可以避免镜头间的突兀跳动，并能有效增强视频的艺术感染力。随着影视技术的不断进步和革新，转场的方式越来越多，不同的转场效果可表现不同的时间、空间、氛围和情绪等。下面将介绍几种常见的转场方式。

7.2.1 硬切转场

硬切转场是一种常用的简单转场方式，只要在画面转场的瞬间，与配音或背景音乐的节奏点协调配合，就能得到流畅的画面效果。

7.2.2 出画与入画

主体人物或运动物体离开画面，称为“出画”；主体人物或运动物体进入画面，称为“入画”。当一个动作贯穿了两个以上的镜头时，为了使动作继续进行下去且不让观众感到混乱，在相连的镜头中，主体人物或运动物体的出画和入画方向应当保持一致，否则必须插入中性镜头作为过渡。

7.2.3 声音转场

利用声音，如解说、对白等，配合画面实现转场。简单来说，声音转场就是声音先进，画面后进，利用声画不同步的方式来进行转场。剪辑中常说的“L-CUT”，就是指上一个画面已经被剪切停止，但上一个画面的声音还在继续。

7.2.4 空镜头转场

空镜头是指一些以表现人物情绪、心态为目的，但其中只有景物，没有人物的镜头。利用空镜头转场，可产生一种明显的间隔效果，这种转场方式的作用是渲染气氛、刻画人物心理，产生明显的间离感。另外，以空镜头转场还能满足叙事的需要，可表现时间、地点、季节的变化等。

7.2.5 坡度变速转场

坡度变速转场又称爬坡式转场，主要是通过快慢镜头交替剪辑实现的。比如，大家在观看一些动作片里的打戏时会发现，影片一般会先用一个慢镜头推进以展示动作，在拳脚接触的一瞬间，会跳接一个快镜头，以突出动作的力量感和爆发感。

7.2.6 淡入 / 淡出转场

淡入 / 淡出转场是视频中常见的转场效果，镜头之间通过黑色画面相接。淡出时，上一段素材的最后一个画面逐渐隐去，直至黑场；淡入时，下一段素材的第一个画面由黑色逐渐显现，直至呈现正常亮度。

但在实际操作中，应当根据视频的情节、情绪和节奏要求来把控转场效果，合理控制镜头与镜头之间的黑场时间。

7.2.7 远近切换转场

如果前一个画面是近景或者特写镜头，其紧接一个远景或全景镜头，两个镜头构成两个空间的转变，就是远近切换的转场方式。远近切换转场通常用于强调两个角度及前后的空间差异，可以形成对比，突出和交代广阔的场景，能有效衔接地拍或航拍素材。

7.2.8　闪白转场

相信大家应该在电影里看过这样的片段，某家人在照相馆拍摄全家福照片，伴随着摄影师一声“3，2，1，茄子”，闪光灯一闪，快门按钮一按，一家人的影像就留在了底片中。然后加一个闪白特效，下一个镜头就是印好的照片被放在了某张书桌上，这样一来就实现了时空的转换，合理表现了不连贯的叙事场景。

此外，闪白转场还可以用于同一场景的不连续片段。假设有这样一段戏：一个失忆的人，在某个因素的影响下，脑海里浮现出曾经的片段，而这些片段是零散且不连贯的，他越是努力地想要想起整个事件的来龙去脉，思绪就越是凌乱。

要表现这样的剧情，可以在一个连贯的长镜头中截取几个不连续的片段，在每两个片段之间添加闪白特效，镜头的持续时间越来越短，闪白特效的变化时间也越来越短，这样可以恰到好处地表现人物越来越急切的情绪。

7.2.9　定格转场

定格转场一般是对上一段素材结尾的画面进行静态处理，使观众产生瞬间的视觉停顿，接着出现下一个画面。这类转场适用于不同主题段落间的转换。

7.2.10　相似性转场

相似性转场是指前后两个镜头具有相同（相似）的主体形象，或镜头中的物体形状相近、位置重合，在运动方向、速度及色彩等方面具有一致性，以此达到视觉连续、转场顺畅的效果。

7.2.11　挡镜转场

挡镜是指画面中的运动物体挡住了镜头，或者镜头在前进过程中逼近一些遮挡镜头的物体，进而形成视线被遮挡后自然转场的切换效果。挡镜转场能制造强烈的视觉冲突感，使观众产生很强的代入感，常用于追逐、打斗等场景中，用来表现速度感或营造紧张的氛围。

7.3　认识 3 款手机视频剪辑软件

诸如 Premiere Pro、After Effects 等专业度较高的视频剪辑软件只能在电脑上运行，且功能及操作复杂，导致新手难以在短时间内上手。而手机视频剪辑软件大都功能完善，且操作简单，能真正做到随拍随剪，并且能满足众多短视频爱好者的快速制作需求。

7.3.1 剪映

剪映是由抖音推出的一款手机视频剪辑软件，可用于手机短视频的剪辑处理和发布。随着剪映的更新升级，它的剪辑功能逐步完善，操作也变得越来越便捷。图 7-4 和图 7-5 所示为剪映的图标及其推出的特色功能的宣传海报。

图 7-4

图 7-5

打开剪映（本书用于演示的版本为 4.8.0）后，点击主界面中的“开始创作”按钮[+]，如图 7-6 所示，进入素材添加界面，选择相应素材并点击“添加”按钮，即可进入视频剪辑界面，该界面可大致分为预览区域、轨道区域和工具栏，如图 7-7 所示。

图 7-6

图 7-7

7.3.2　巧影

巧影功能齐全，支持多重视频叠加及创意组合效果的制作。巧影的剪辑界面包含视频层、特效层、文本层、贴纸层和手写层，即使是初次使用该软件的用户，也能快速熟悉其布局。图 7-8 和图 7-9 所示为巧影的图标及其主界面（本书用于演示的版本为 4.16.5.18945.CZ）。

图 7-8

图 7-9

打开巧影后，点击主界面中央的创建按钮，将显示“选择画面比例”界面，如图 7-10 所示，用户可以选择所需画面比例创建剪辑项目，一般较为常用的画面比例为 9：16 和 16：9。

选择任意一种画面比例，进入视频剪辑界面，此时可在界面上半部分的素材库中，选择需要导入的视频或图像素材，如图 7-11 所示。

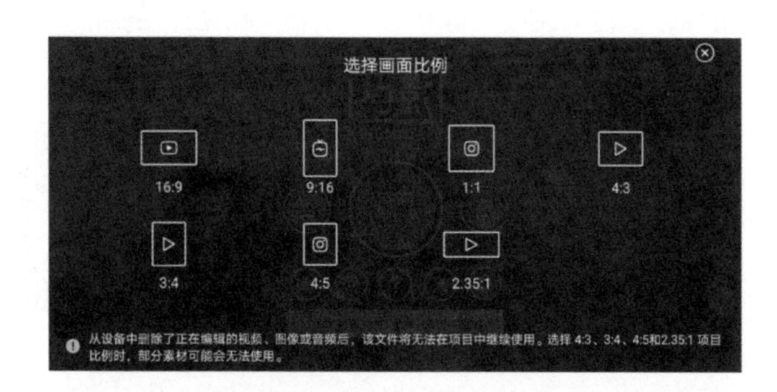

图 7-10

图 7-11

选择任意素材，点击右上角的“确定”按钮，此时选择的素材将被导入巧影。界面左侧为系统设置工具栏，中间上方为预览区域，下方则是时间轴面板，右上角为剪辑功能面板，如图 7-12 所示，根据文字提示，可找到所需工具。

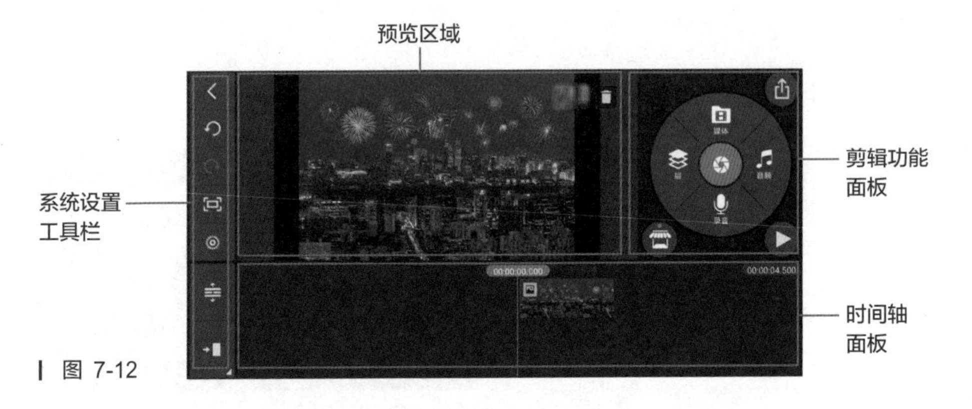

图 7-12

7.3.3 Videoleap

有些手机视频剪辑软件虽然简洁好用，但功能单一，而 Videoleap 却实现了易用性和专业性的平衡。Videoleap 最大的亮点在于创作性很强，使用这款软件可以轻松完成素材混合、蒙版、特效、字幕、色调调整、配乐、转场动画等专业级操作。图 7-13 和图 7-14 所示为 Videoleap 的图标及其主界面。

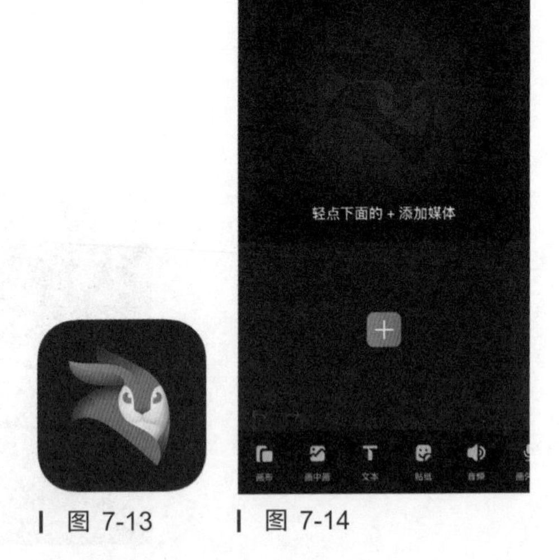

图 7-13　图 7-14

点击 Videoleap 主界面中的创建按钮，选择需要导入的视频或图像素材，进入视频剪辑界面。Videoleap 的剪辑界面和剪映的剪辑界面类似，同样分为预览区域、轨道区域和工具栏。与前两款剪辑软件不同的是，在 Videoleap 界面中点击预览区域右下角的按钮，可以全屏预览视频，如图 7-15 和图 7-16 所示，这个功能可使创作者在剪辑的过程中，更加清晰地查看视频效果，以便边剪辑边修改。

| 图 7-15　| 图 7-16

7.4 常用的后期剪辑技巧

通过对 7.3 节的学习，相信大家已经对剪映、巧影和 Videoleap 这 3 款软件有了基本的认识。在熟悉了软件的功能后，下面将以剪映为例，继续带领大家学习一些短视频的基本处理方法及剪辑技巧，在学习后大家也可以举一反三，多多尝试一些其他同类软件。

7.4.1 为短视频添加字幕

从某种程度上来说，人们对于字幕的关注度远高于画面，为短视频添加字幕，可以更好地吸引观众的目光，并能引导观众发现和理解画面的潜在意义。

打开剪映并添加素材，在未选中素材的状态下点击底部工具栏中的“文本”按钮T，然后点击“新建文本”按钮A+，如图7-17 和图 7-18 所示。

| 图 7-17　| 图 7-18

此时将弹出输入键盘，如图 7-19 所示，输入文字后，文字内容将同步显示在预览区域中，如图 7-20 所示，完成后点击“确定”按钮☑，即可添加字幕。

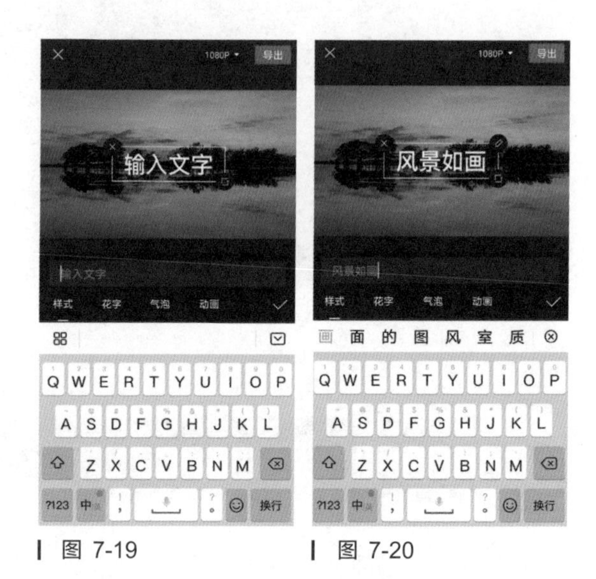

图 7-19　　图 7-20

延伸讲解

在输入文字内容后，通过点击输入键盘上方的“样式”“花字”“气泡”“动画”选项，可打开对应界面，大家可依据个人喜好，为文字设置大小、颜色、气泡、动画等。

7.4.2 运用坡度变速效果

短视频平台中流行一种忽快忽慢的视频效果，这种效果一般叫作坡度变速效果。

使用剪映的曲线变速功能可以轻松制作坡度变速效果的短视频。在剪映中创建剪辑项目并添加素材后，选中轨道区域中的素材，点击底部工具栏中的“变速”按钮◎，如图 7-21 所示，接着点击“曲线变速”按钮▣，如图 7-22 所示。

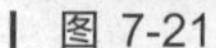

图 7-21

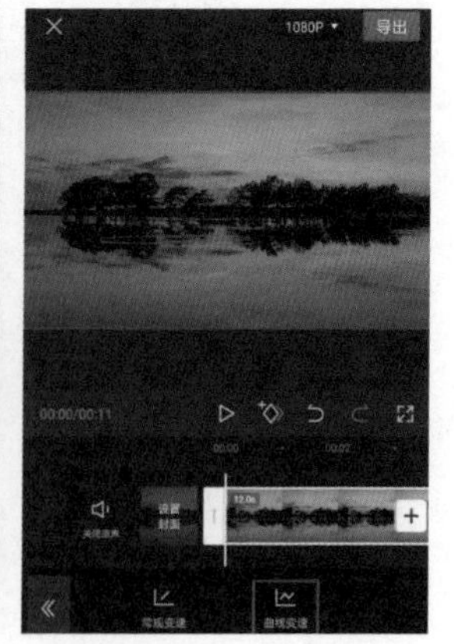

图 7-22

“曲线变速”工具栏中罗列了效果不同的变速曲线，包括“正常”“自定”“蒙太奇”“英雄时刻”“子弹时间”等。点击任意一个曲线按钮，该按钮会显示为红色并出现“点击编辑”文字，如图 7-23 所示；再次点击该按钮，可进入曲线编辑面板，此时用户可对曲线进行调整，如图 7-24 所示。

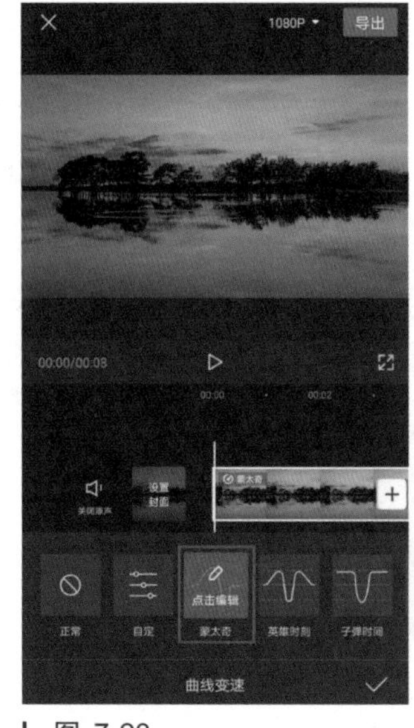

图 7-23

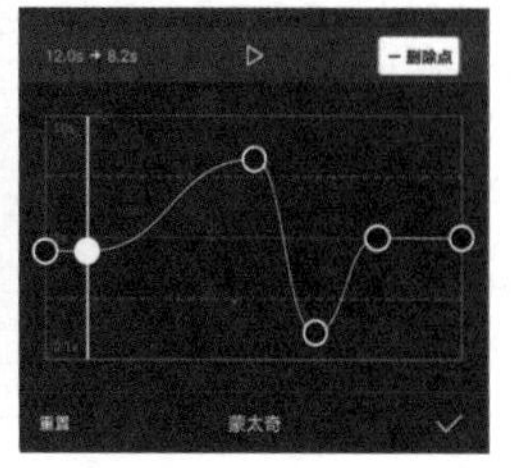

图 7-24

技能精讲：曲线编辑面板中的圆点有何作用？

在曲线编辑面板中，用户可通过拖动圆点改变运动速度。圆点的位置越高，运动速度越快；圆点的位置越低，运动速度越慢。若调整圆点，使它们依次由高变低，则可以制作出由快到慢的运动效果。将时间线移动到任意一个圆点上方，点击右上角的“删除点”按钮，可以将当前的圆点删除；再次点击右上角的“添加点”按钮，可以将圆点添加至当前位置。

7.4.3 二次构图的重要性

有些短视频新手不注重拍摄环境的筛选，很容易拍出杂乱的画面，让观众无法理解短视频想要表达的主题。在第 4 章中，编者整理归纳了几个在短视频拍摄过程中需要规避的误区，其中有一个就是要避开杂乱的环境。但如果已完成拍摄，之后检查时却发现画面结构不明、布局杂乱，这样的素材片段是否还能补救呢？答案是能。

拍摄短视频与拍照一样，每个镜头都需要突出一个主体，虽然听起来很简单，但其涉及诸如光线、色彩、景深等美学知识。前期拍摄不到位，大家可以在后期处理时运用“二次构图”的方法解决画面杂乱或者主体不突出的问题。在图 7-25 中，左侧的向日葵与作为主体的人物并排，造成主体不突出的问题。

图 7-25

在剪映中添加需要进行调整的素材，选中轨道区域中的素材，点击底部工具栏中的“编辑”按钮，如图 7-26 所示，然后点击“裁剪”按钮，如图7-27所示。

图 7-26

图 7-27

在底部工具栏中，可以选择不同的裁剪比例。选择“自由”模式，可以自由地调整裁剪比例，只需向内拖动裁剪框的边角，即可进行调整，如图 7-28 所示。在完成裁剪操作后，点击右下角的“确定”按钮保存操作结果；若不满意裁剪效果，则可以点击左下角的“重置”按钮。二次构图后的画面效果如图 7-29 所示，主体较之前的画面要突出许多。

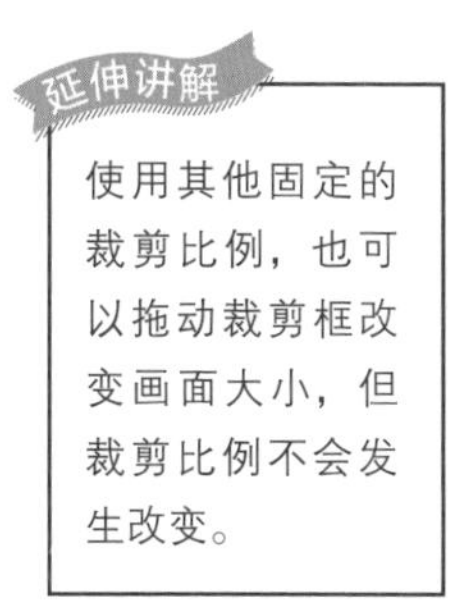

延伸讲解

使用其他固定的裁剪比例，也可以拖动裁剪框改变画面大小，但裁剪比例不会发生改变。

图 7-28

图 7-29

7.4.4　巧妙运用滤镜及转场

为短视频添加滤镜，可以很好地掩盖拍摄造成的缺陷，并能使画面更加生动、绚丽。手机端的剪辑软件大都为用户提供了滤镜，运用这些滤镜可以美化画面，打造不同风格的艺术效果，使短视频更有吸引力。

在剪映中添加素材后，点击底部工具栏中的“滤镜”按钮，如图 7-30 所示，打开“滤镜”列表，选择其中一款滤镜，将其应用于所选素材，拖动列表上方的滑块可以改变滤镜的应用强度。这里添加了“雾山”滤镜，可以发现画面原本较暗的地方被提亮了，画面整体明亮了许多，如图 7-31 所示。完成操作后点击右下角的“确定”按钮，完成滤镜的添加。

图 7-30

图 7-31

滤镜可以增强画面效果，转场则应用于相邻素材之间，作为上一个镜头和当前镜头之间的过渡效果。转场可以实现镜头的切换，它标志着一个镜头的结束及另一个镜头的开始。合适的转场效果不仅可以实现场景或情节之间的平滑过渡，还能丰富画面、吸引观众。在后期处理时，并不需要在所有片段之间都添加转场效果，大家可以根据以下 3 种情况来添加转场效果。

- 当第一个镜头和第二个镜头之间的色彩变化较大的时候，可以使用转场效果。
- 第一个镜头是动态的，第二个镜头是静态的，在这种情况下可以使用转场效果来衔接二者。
- 第一个场景的故事已讲完，需要切换至第二个场景，这时可以使用转场效果。

接下来以剪映为例，介绍转场效果的添加方法。首先在剪映中添加两段色彩变化较大的素材，然后点击两段素材之间的转场按钮，如图 7-32 所示，打开“转场”列表，在该列表中有“基础转场”“运镜转场”“MG 转场”等不同类别的转场效果。接着，点击所需的转场效果，如“基础转场”中的“滑动”效果，如图 7-33 所示。选择转场效果后，还可以通过左右拖动下方的滑块来调整转场效果持续的时长。最后点击右下角的“确定”按钮，即可应用转场效果。可以看到，添加了“滑动”效果后，画面会通过向左滑动的形式从色调偏暖的公路场景转换到色调偏冷的公路场景，如图 7-34 所示。

图 7-32　图 7-33　图 7-34

7.4.5 短视频调色技巧

调色是剪辑时不可或缺的一项操作，画面色调在一定程度上能决定作品质量。对短视频进行调色时通常会用到几种流行色调。比如旅行或风景类短视频会使用以青色和橙色为主的青橙色调，如图 7-35 所示；夜晚的街景类短视频则多使用黑金色调，如图 7-36 所示。

图 7-35

图 7-36

在剪映中，除了可以运用滤镜来一键调整画面色调，还可以通过手动调整亮度、对比度、饱和度等色彩参数，进一步营造自己想要的画面效果。在剪映中导入视频或图像素材后，点击底部工具栏中的“调节”按钮，如图 7-37 所示，打开“调节”列表，即可对选中的素材进行色彩调整，如图 7-38 所示。

完成色彩调整后，在轨道区域中会生成一段可调整时长和位置的色彩调节素材，如图 7-39 所示。

图 7-37

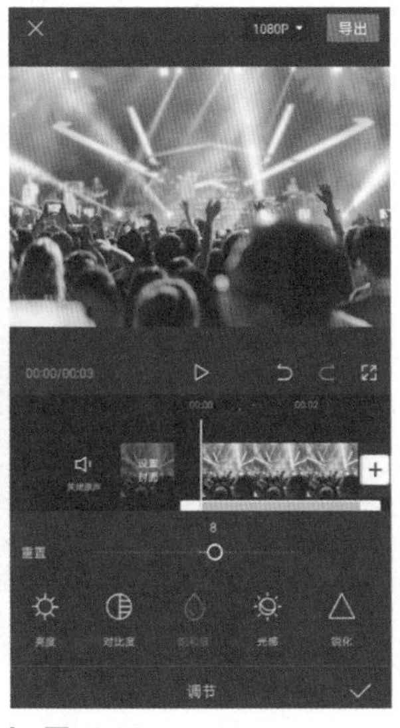

图 7-38

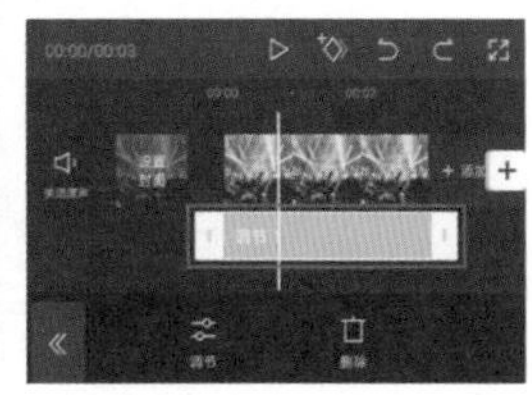

图 7-39

在“调节”列表中有“亮度”“对比度”“饱和度”“光感”等色彩参数，具体介绍如下。

- 亮度：用于调整画面的明亮程度，数值越大，画面越明亮。
- 对比度：用于调整画面中黑与白的比值，数值越大，从黑到白的渐变层次就越多，色彩的层次也会更加丰富。
- 饱和度：用于调整画面色彩的鲜艳程度，数值越大，画面饱和度越高，画面色彩就越鲜艳。
- 光感：用于调整画面光感，可有效提升较暗画面的整体亮度。
- 锐化：用来调整画面的锐化程度，数值越大，画面细节越丰富。
- 高光 / 阴影：用来改善画面中的高光或阴影部分。
- 色温：用来调整画面中色彩的冷暖倾向。数值越大，画面越偏向于暖色调；数值越小，画面越偏向于冷色调。
- 色调：用来调整画面中色彩的颜色倾向。
- 褪色：用来调整画面中颜色的附着程度。
- 暗角：用来调整画面的暗角程度，即降低画面 4 个角的亮度。
- 颗粒：用来增强画面的颗粒感和质感。

技能演练：使用剪映创作磨砂质感视频

下面将运用剪映的“调节”功能，并结合纹理特效，为视频营造磨砂质感。具体操作方法如下。

1 打开剪映，在主界面中点击“开始创作”按钮，进入素材添加界面，选择需要的视频素材后，点击“添加”按钮，创建剪辑项目。

2 进入视频剪辑界面后，在选中素材的状态下，点击底部工具栏中的“调节”按钮，如图7-40所示；在列表中点击“亮度”按钮，向左拖动上方的滑块，调整“亮度”的数值为-28，降低画面的整体亮度，如图7-41所示。

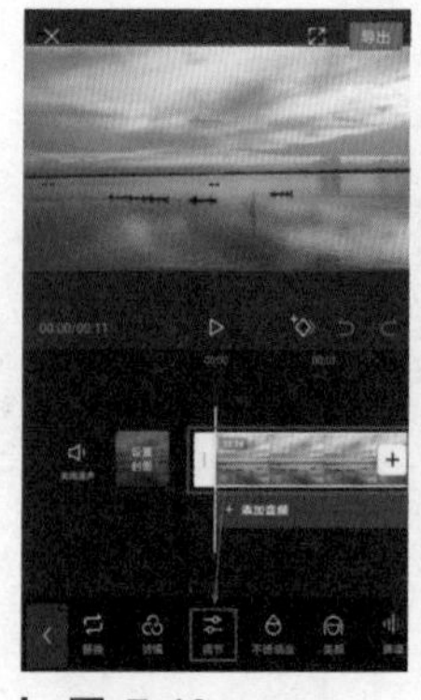
图 7-40

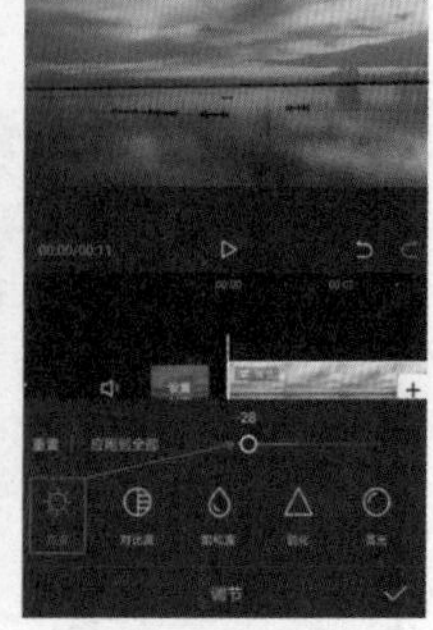
图 7-41

3 点击“对比度”按钮，向右拖动上方的滑块，调整其数值为23，同样，调整“饱和度”的数值为23，调整“对比度”和“饱和度”的数值后，可以发现画面色彩变得更加鲜艳、饱满了，如图7-42和图7-43所示。

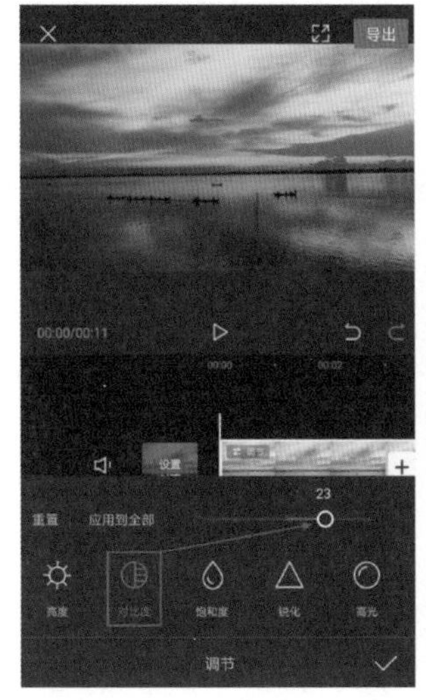

图 7-42

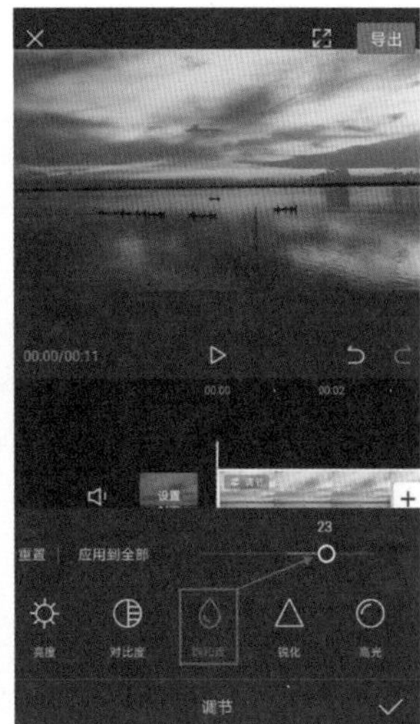

图 7-43

4 将“锐化”和“高光”的数值都调整为21，以增加画面的细节并降低高光部分的亮度，如图7-44和图7-45所示。

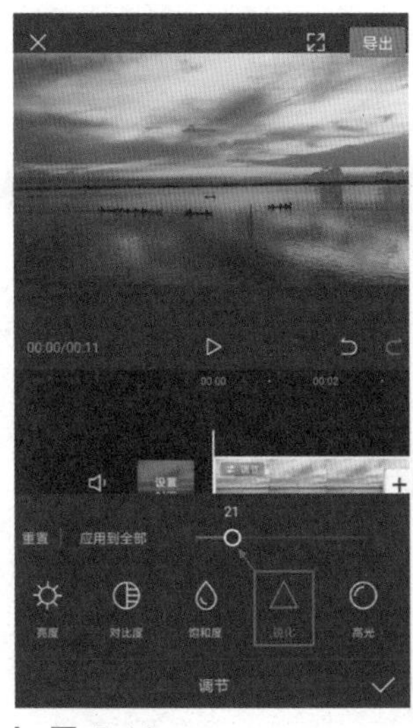

图 7-44

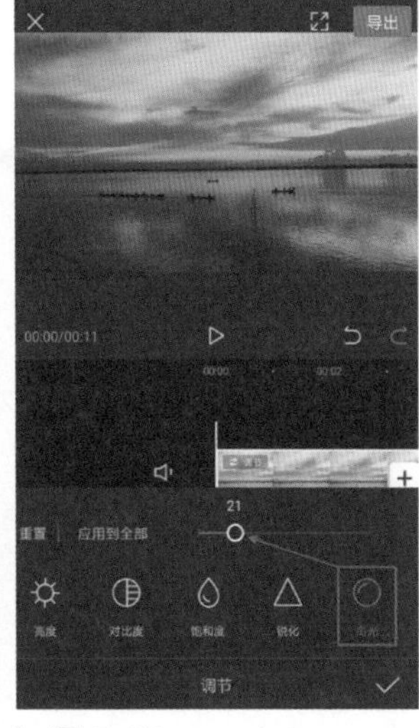

图 7-45

5 调整“阴影”的数值为20，提亮画面的阴影部分；再调整“色温”的数值为25，加深画面的暖色调，如图7-46和图7-47所示。

| 图 7-46　　| 图 7-47

6 调整“色调”的数值为 38，改善整体色调，使画面更加唯美，如图 7-48 所示。点击右下角的“确定”按钮，完成对素材的调节。

7 在未选中素材的状态下，点击底部工具栏中的“特效”按钮，如图 7-49 所示。

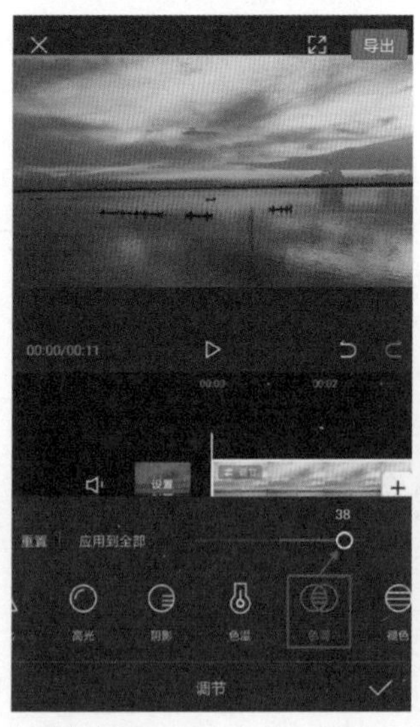

| 图 7-48

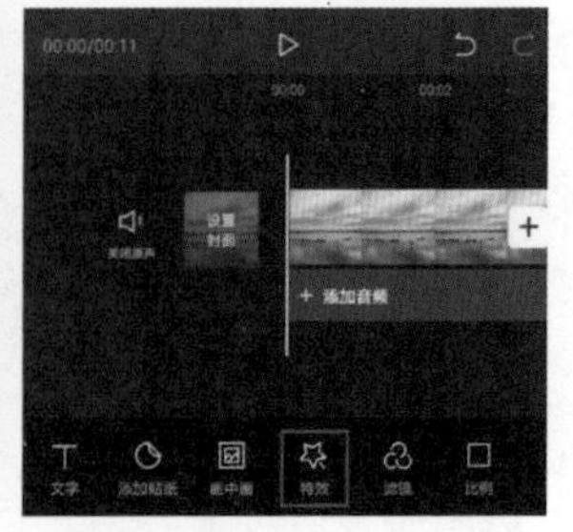

| 图 7-49

8 在“纹理”特效列表中选择“磨砂纹理”，为画面添加磨砂质感，如图 7-50 所示，点击“确定”按钮，完成特效的添加。

9 在轨道区域中按住“磨砂纹理”素材尾部的 按钮，向右拖动至视频结尾处，为整个素材添加该特效，如图 7-51 所示。

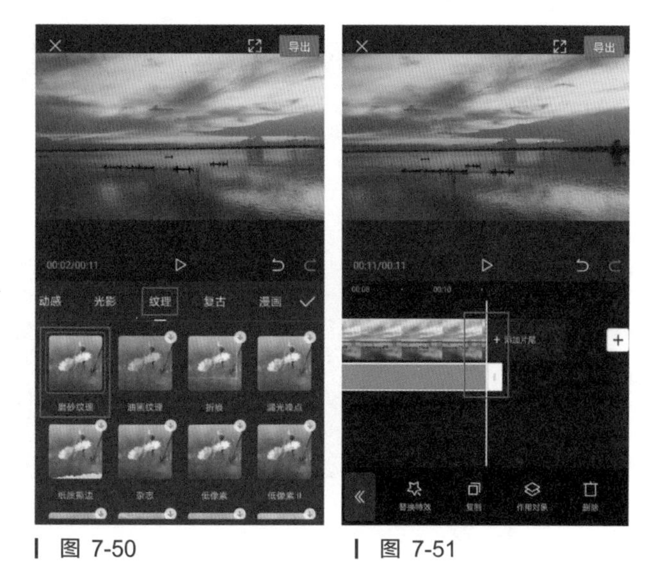

图 7-50　　图 7-51

10 至此，视频制作完成，点击界面右上角的“导出”按钮，将视频保存至本地相册。画面效果如图 7-52 所示。

图 7-52

7.4.6　“画中画”功能的使用技巧

“画中画”就是使一个画面中出现另一个画面。通过剪映的“画中画”功能，我们不仅能使两个及两个以上的画面同步播放，还能进行简单的画面合成操作。

在剪映中导入一段背景素材后，点击底部工具栏中的“画中画”按钮，如图7-53所示，然后点击“新增画中画”按钮，如图7-54所示。

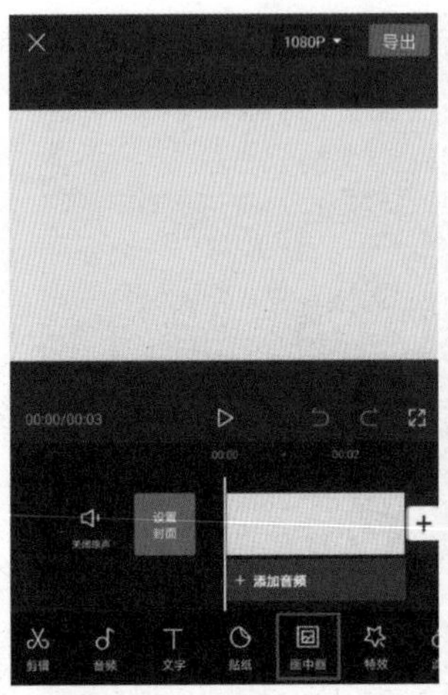

图 7-53

图 7-54

再次从相册中选择一段视频或图像素材导入，即可实现画中画效果，如图7-55所示。在剪映4.8.0版本中，用户在一个剪辑项目中最多可添加6个独立轨道的画中画素材。

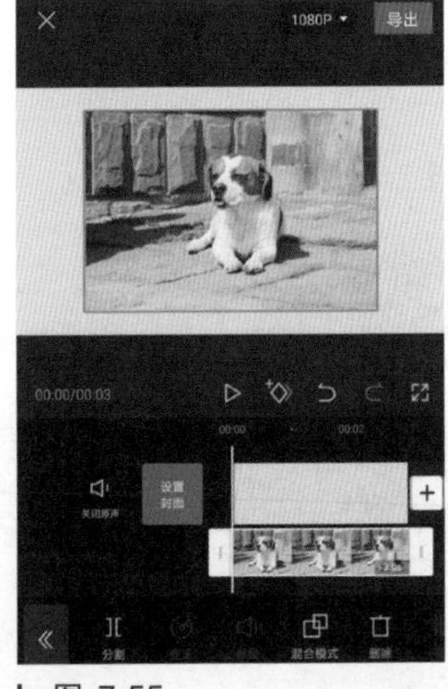

图 7-55

技能演练：利用“画中画”功能制作上下分屏效果

在剪映中，通过“画中画”功能可以同时播放两个片段，再辅以音乐，可以轻松打造具有氛围感的短视频。下面讲解利用“画中画”功能制作上下分屏效果的方法。

1 打开剪映，在主界面中点击“开始创作”按钮，进入素材添加界面，选择第一段视频素材，点击“添加”按钮，创建剪辑项目，如图7-56所示。

2 点击底部工具栏中的“比例”按钮▣，在“比例”列表中选择“9∶16”选项，如图7-57所示。

图 7-56

图 7-57

3 返回上一级工具栏，在选中素材的状态下，在预览区域中调整素材的位置及大小，使其占据画面的上半部分，如图 7-58 所示。

4 完成上述操作后，返回上一级工具栏，在未选中素材的状态下，点击底部工具栏中的“画中画”按钮▣，然后点击“新增画中画”按钮▣，将第二段视频素材导入剪辑项目中，如图7-59所示。

图 7-58

图 7-59

5 在预览区域中，调整素材的位置及大小，使其占据画面的下半部分，如图 7-60 所示。

6 返回上一级工具栏，在未选中素材的状态下，点击底部工具栏中的“音频”按钮♪，然后点击“音乐”按钮，进入音乐素材库，在顶部搜索栏中输入关键词查找相关音乐，如图7-61所示。

图 7-60

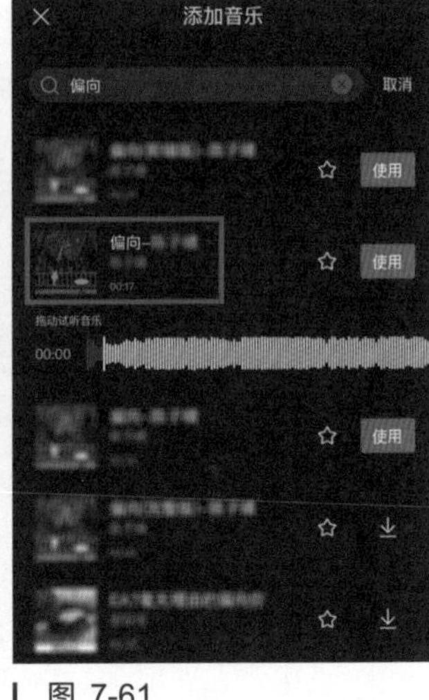

图 7-61

7 将找到的音乐添加至剪辑项目中，根据视频时长将音乐多余的部分剪掉，如图7-62所示。

8 点击底部工具栏中的“文字”按钮T，然后点击“识别歌词”按钮，在弹出的对话框中点击“开始识别”按钮，如图7-63所示。

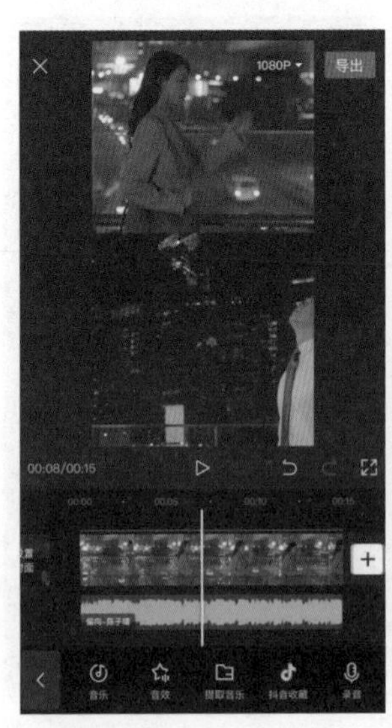

图 7-62

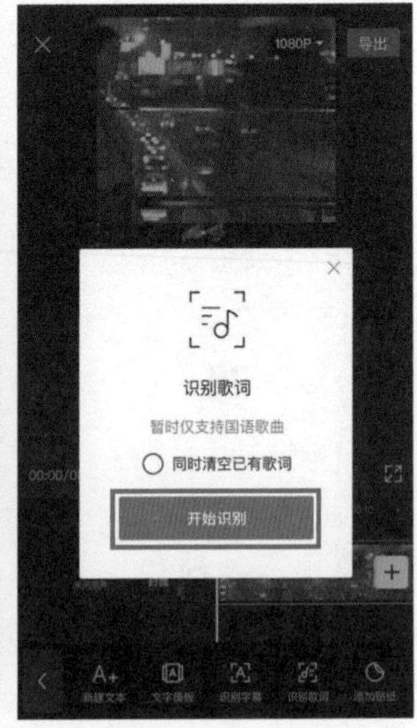

图 7-63

9 等待软件自动完成歌词识别，歌词字幕将自动摆放至相应位置，可根据实际情况修改歌词中的错别字和歌词摆放的位置，如图7-64所示。

10 完成所有操作后，点击右上角的“导出”按钮，将制作好的视频导出至本地相册。完成后的画面效果如图 7-65 和图 7-66 所示。

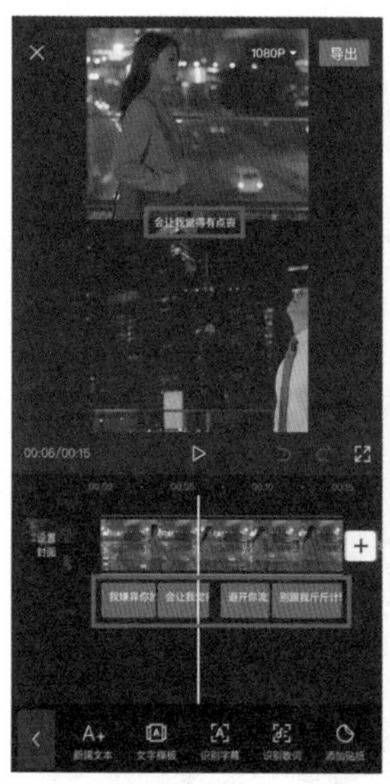

图 7-64

图 7-65

图 7-66

7.4.7　巧用特效和贴纸点缀短视频

如果想为短视频增加一些趣味性，可以考虑在后期处理时添加特效或贴纸，使原本平淡的画面变得更加引人注目。下面分别介绍添加特效和贴纸的操作方法。

在剪映中导入素材后，点击底部工具栏中的“特效”按钮，即可在展开的“特效”列表中选择所需特效，如图 7-67 和图 7-68 所示。

图 7-67

图 7-68

剪映提供的特效类型众多，抖音平台上热门的三分屏视频、模糊开场特效、动态边框、电影开幕效果等，都可以在这里实现。添加不同特效可营造出不同的画面风格，如图 7-69~ 图 7-71 所示。

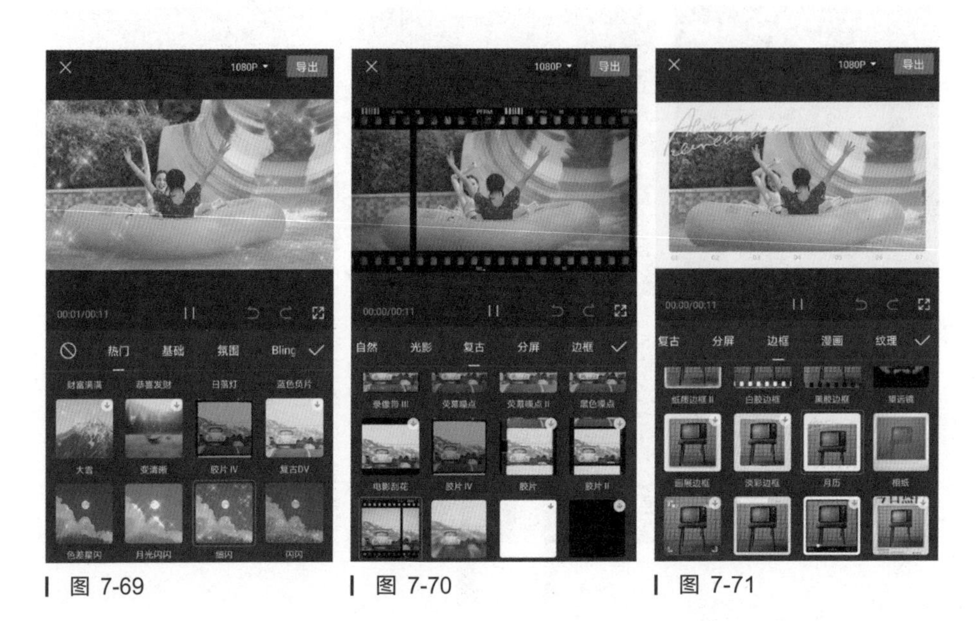

| 图 7-69　　| 图 7-70　　| 图 7-71

下面介绍为素材添加贴纸的操作方法。打开剪映并导入素材，在未选中素材的状态下，点击底部工具栏中的“贴纸”按钮，如图 7-72 所示，即可在展开的“贴纸”列表中选择所需贴纸，如图 7-73 所示。

| 图 7-72　　| 图 7-73

技能演练：利用贴纸制作书写动画效果

下面将介绍运用剪映的“贴纸”功能制作书写动画效果的步骤。

1 打开剪映，在主界面中点击“开始创作”按钮，进入素材添加界面，在剪映内置的素材库中选择黑场视频素材，如图 7-74 所示。

2 进入视频剪辑界面，点击底部工具栏中的“比例”按钮，在“比例”列表中选择“9:16”选项，如图 7-75 所示。

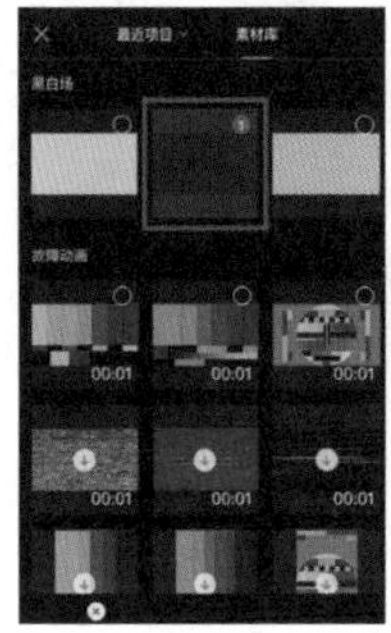
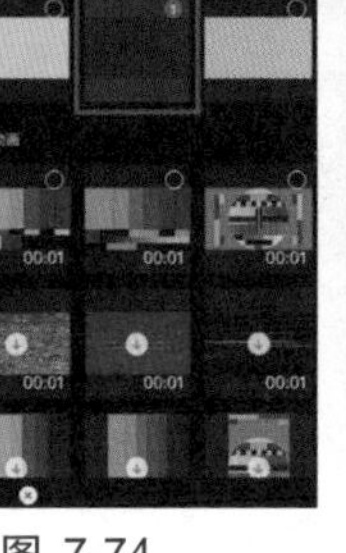

图 7-74

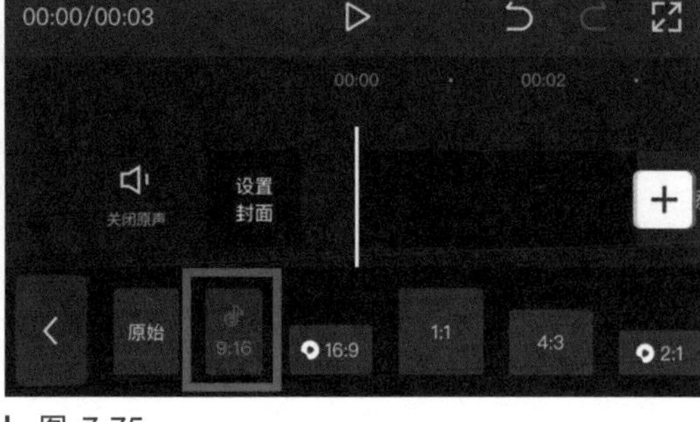

图 7-75

3 进入视频剪辑界面，点击底部工具栏中的“文本”按钮，然后点击“新建文本”按钮，在预览区域中输入单个文字，并将其调整到合适的位置及大小，如图 7-76 所示。

4 完成文字输入后，返回第一级工具栏，点击底部工具栏中的“贴纸”按钮，在展开的“贴纸”列表中选择一款自己喜爱的贴纸，如图 7-77 所示。

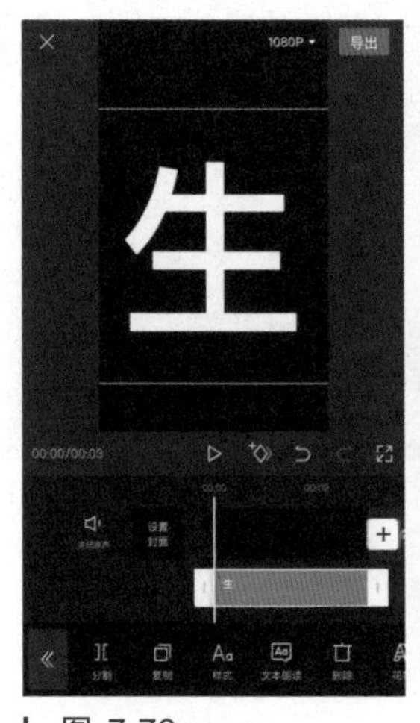

图 7-76

图 7-77

5 在预览区域中，将贴纸调整到合适的位置和大小，如图 7-78 所示。

6 在选中贴纸的状态下，点击底部工具栏中的“动画”按钮，选择“循环动画”中的“旋转”选项，如图7-79所示，操作完成后点击“确定”按钮。

图 7-78

图 7-79

7 根据文字的笔画数，对贴纸素材进行分段，这里将其分为了 5 段，如图 7-80 所示。

8 选中第一段贴纸素材，将其移动到单独轨道中，然后点击“添加关键帧”按钮，在其左右两端分别添加一个关键帧，如图 7-81 所示。

图 7-80

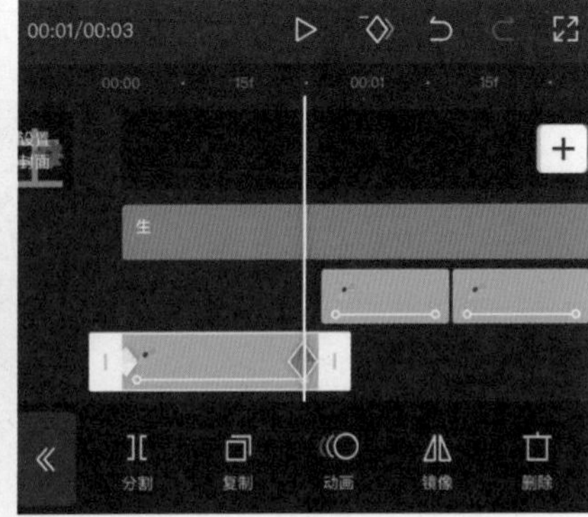

图 7-81

9 将上述贴纸素材的尾端向后拉，直至与主体视频素材的尾端对齐，如图 7-82 所示。

10 将时间线拖动到第二个关键帧所处的位置，然后反复点击底部工具栏中的“复制”

按钮■，复制足够的贴纸素材，并将贴纸素材铺满文字的第一笔，如图 7-83 所示。

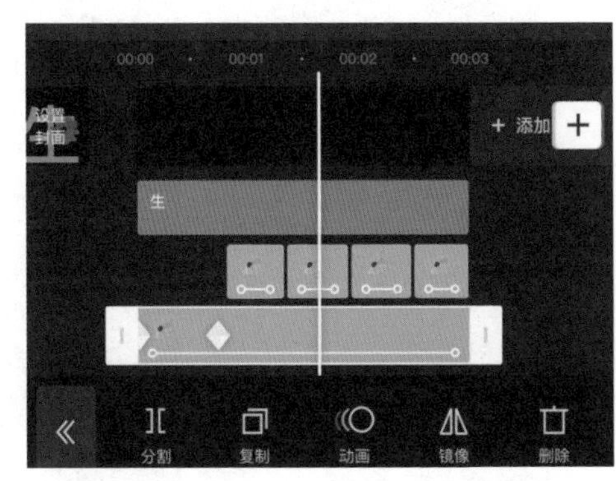

图 7-82

图 7-83

11 用同样的方法，选中第二段贴纸素材，将其移动到单独轨道中，然后将贴纸素材摆放至文字第二笔的起始处，在其左右两端分别添加一个关键帧，如图 7-84 所示。

12 将上述贴纸素材的尾端向后拉，直至与主体视频素材的尾端对齐，如图 7-85 所示。

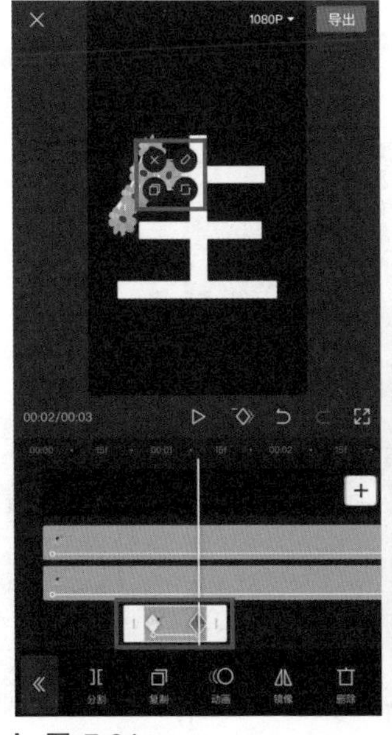

图 7-84

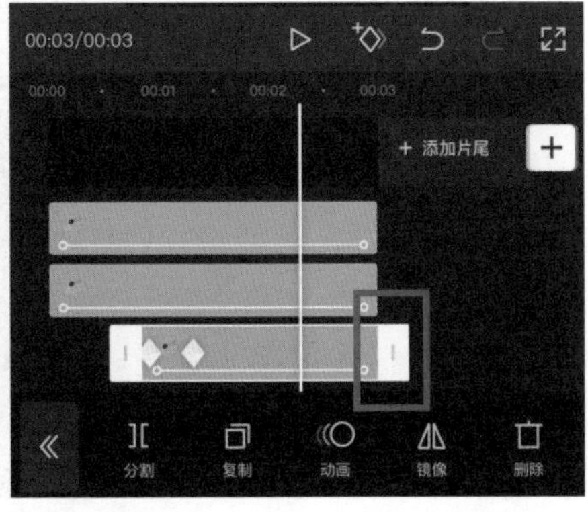

图 7-85

13 将时间线拖动到第二个关键帧所处的位置，然后反复点击底部工具栏中的“复制”按钮，复制足够的贴纸素材，并将贴纸素材铺满文字的第二笔，如图 7-86 所示。

14 用同样的方法，继续完成文字剩余笔画的制作，将贴纸素材铺满文字后的效果如图7-87所示。

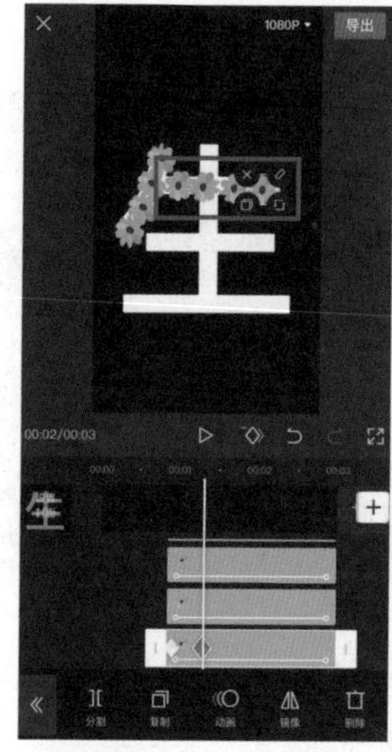

图 7-86

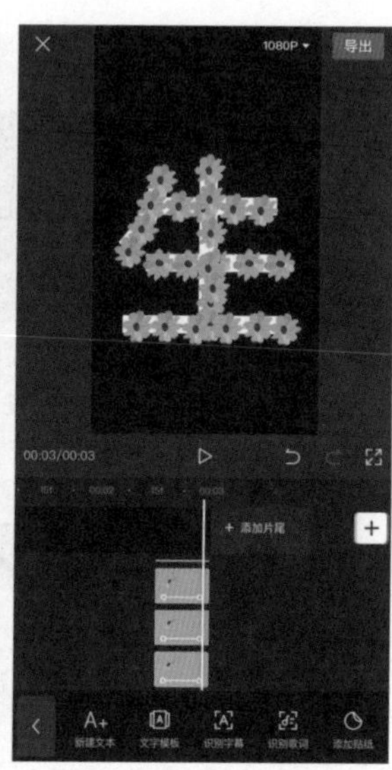

图 7-87

15 将时间线拖动到视频的起始位置，在未选中素材的状态下，点击底部工具栏中的“贴纸”按钮，然后点击“添加贴纸”按钮，在展开的“贴纸”列表中搜索“笔”贴纸，然后选择一款合适的笔刷贴纸，如图 7-88 所示。

16 在预览区域中，将笔刷贴纸调整到合适的位置及大小，然后根据文字笔画，将笔刷贴纸素材分为 5 段，如图 7-89 所示，笔刷贴纸素材在什么时间点分割可以根据笔画什么时候结束来决定。

图 7-88

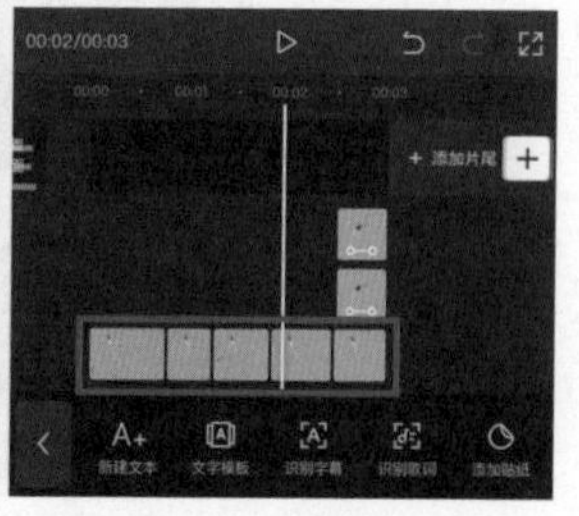

图 7-89

17 选择第一段笔刷贴纸素材，点击“添加关键帧”按钮，在素材的起始处添加一个关键帧，并将笔刷贴纸移动到第一笔的起始处；将时间线移动到该段素材的结尾处，再次点击“添加关键帧”按钮，添加一个关键帧，然后将笔刷贴纸移动到第一笔结束的位置，如图 7-90 和图 7-91 所示。

图 7-90

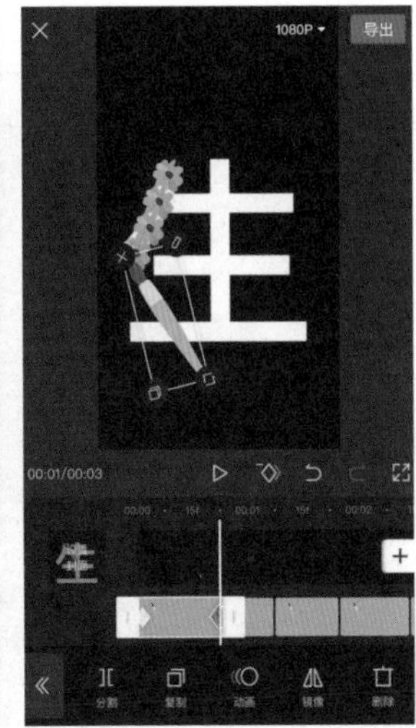

图 7-91

18 选择第二段笔刷贴纸素材，点击“添加关键帧”按钮，在素材的起始处添加一个关键帧，并将笔刷贴纸移动到二笔的起始处；将时间线移动到该段素材的结尾处，再次点击“添加关键帧”按钮，添加一个关键帧，然后将笔刷贴纸移动到第二笔结束的位置，如图 7-92 和图 7-93 所示。

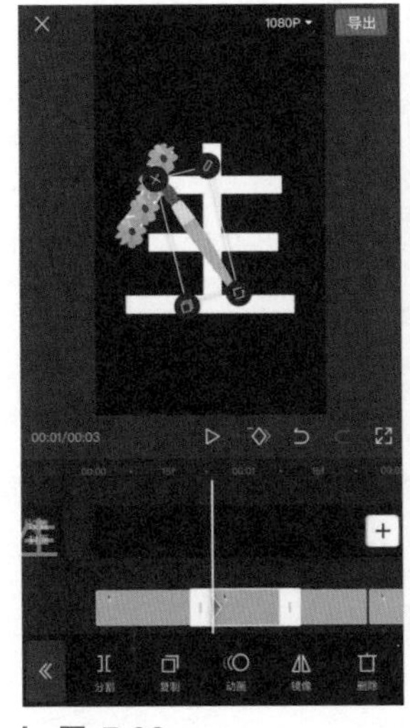

图 7-92

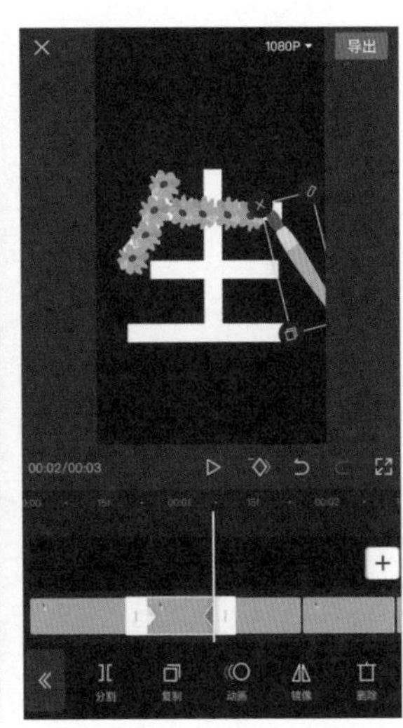

图 7-93

19 用相同的方法完成剩余笔画的关键帧动画制作。完成全部操作后，选择文字层，点击底部工具栏中的“删除”按钮将其删除，如图 7-94 所示。

20 至此，书写动画效果就制作完成了，最终的画面效果如图 7-95 和图 7-96 所示。

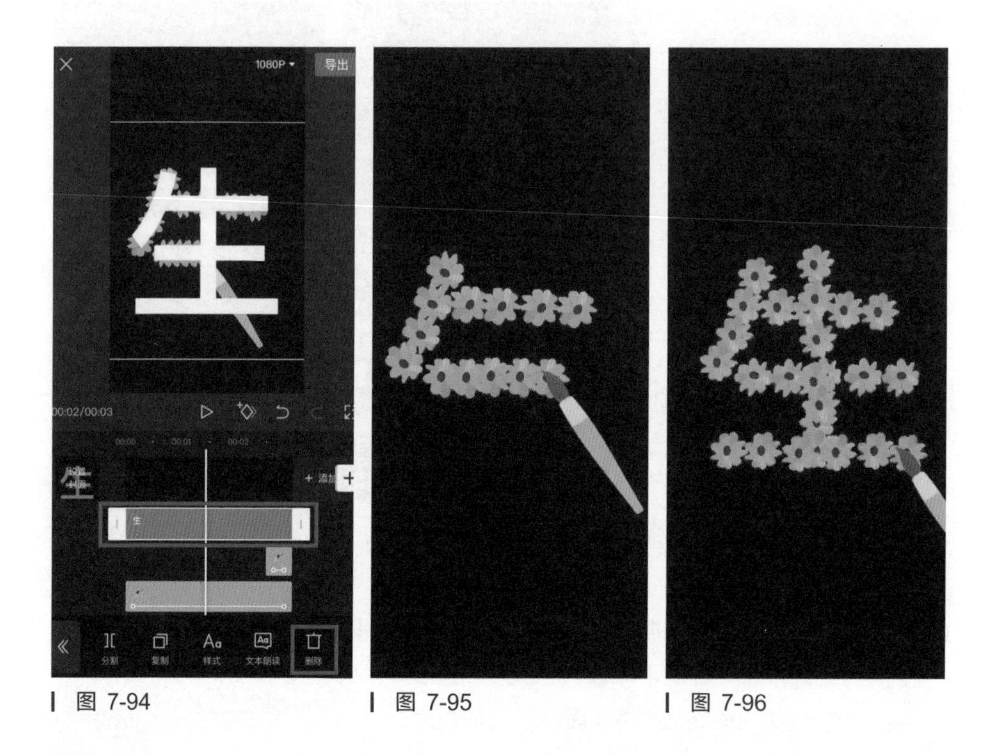

图 7-94　图 7-95　图 7-96

延伸讲解

大家可以运用此方法完成多组文字的制作，以生成完整的词句动画；此外，大家还可以利用背景音乐和背景贴图优化视频效果，这里由于篇幅有限就不再多做阐述了。

7.4.8　添加音频

在剪映中，用户不仅可以为短视频添加音乐，还可以为短视频添加不同类型的音效，以此来丰富短视频给观众带来的视听体验。

在剪映中，点击轨道区域中的“添加音频”按钮 + 添加音频，或点击底部工具栏中的“音频”按钮，如图 7-97 所示，即可打开下一级列表，该列表包括“音乐”“音效”“提取音乐”“抖音收藏”“录音”等选项，如图 7-98 所示。

图 7-97

图 7-98

“音频”列表中的选项介绍如下。

- 音乐。点击该按钮，可以进入“添加音乐”界面（即剪映音乐素材库），如图 7-99 所示，界面的上半部分为音乐类型板块，下半部分为音乐列表。
- 音效。点击该按钮，可展开“音效”列表，如图 7-100 所示。在“音效”列表中对音效进行了分类，用户可以根据需求分类别查找音效。点击任意音效右侧的“下载”按钮，可以下载并试听音效；下载完成后，点击“使用”按钮（下载音效后会出现）便可以将音效添加到剪辑项目中；点击“收藏”按钮，音效将被收录到收藏的音效列表中，方便用户下次进行快速调用。
- 提取音乐。点击该按钮，可从本地相册中选择视频，并仅对视频的音频进行提取，然后将其添加到剪辑项目中。
- 抖音收藏。点击该按钮，可进入对应功能板块。只要用户提前在剪映中关联了抖音账号，即可将其在抖音中收藏的音乐添加至剪映音乐素材库中，以便随时调用。
- 录音。点击该按钮后，跳转至录音界面，此时长按录制按钮，即可实时为视频素材录制旁白，如图 7-101 所示。

图 7-99

图 7-100

图 7-101

技能演练：制作文艺音乐短视频

利用巧妙的剪辑手法，可以将普通的视频片段拼接成具有故事性的短视频，后期经过加工美化，可以使其呈现出类似电影画面的效果。下面将使用剪映演示剪辑视频、添加特效、制作字幕和添加音乐等一系列操作，旨在帮助大家进一步掌握手机短视频的制作方法及技巧。

1 打开剪映，在主界面中点击“开始创作”按钮[+]，进入素材添加界面，选择已拍摄好的3段视频素材，点击“添加”按钮，将素材添加至剪辑项目中，如图7-102和图7-103所示。

图 7-102

图 7-103

2 查看第一段视频素材，由于时间过长，我们需要选出其中比较合适的片段。首先进行初步的剪辑，将多余的片段分割出来并删除。在下方的轨道区域选中第一段视频素材，将时间线定在 9 秒的位置，点击底部工具栏中的“分割”按钮，将其一分为二，如图 7-104 所示。

3 完成视频素材的分割后，选择时间线左侧的片段，点击底部工具栏中的“删除”按钮，将该片段删除，如图 7-105 所示。

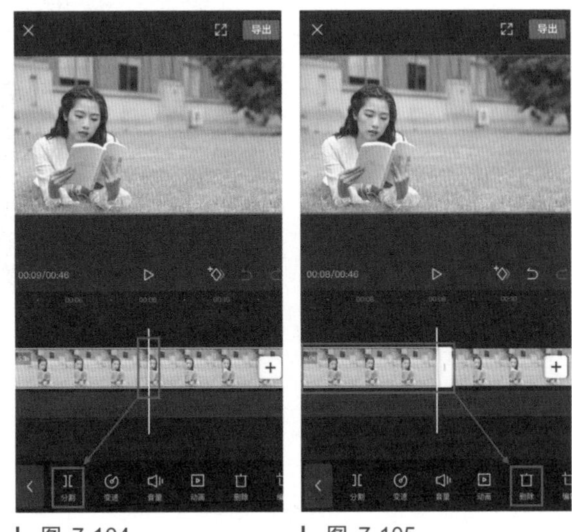

图 7-104　　图 7-105

4 查看剩下的片段，选择效果好的部分，进行精确的剪辑。将时间线定在 3 秒的位置，将视频素材分割为两段，如图 7-106 所示。删除时间线右侧的片段，这样就将第一段视频素材的时长剪辑到了 3 秒，保留女生在草地上翻书的片段，如图 7-107 所示。

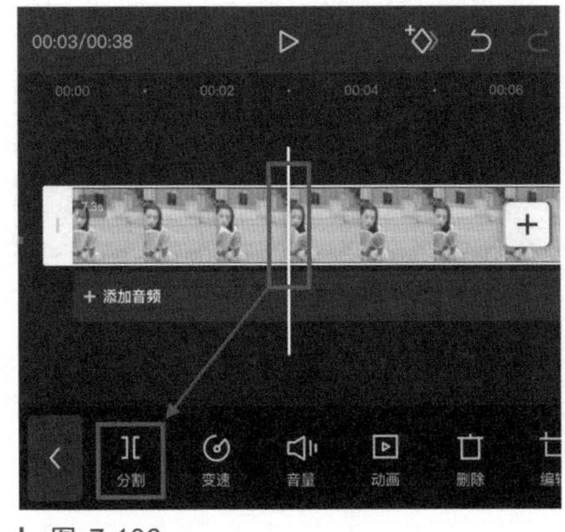

图 7-106

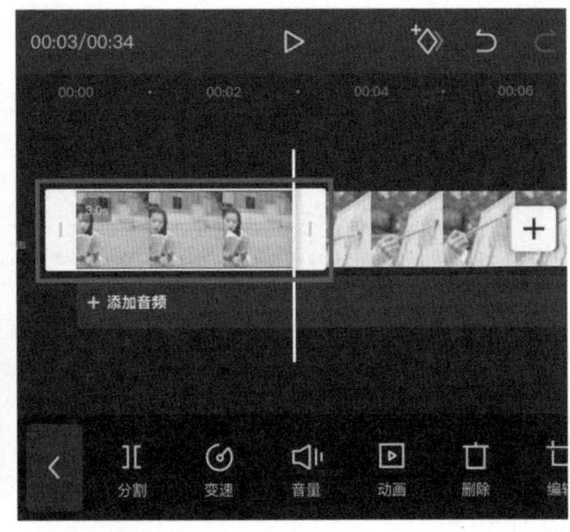

图 7-107

5 对其他两段视频素材进行剪辑。保留第二段视频素材中女生在画板上绘画的片段，如图 7-108 所示，时长为 3.4 秒；保留第三段视频素材中女生绘画的片段，时长为 3.3 秒，如图 7-109 所示。

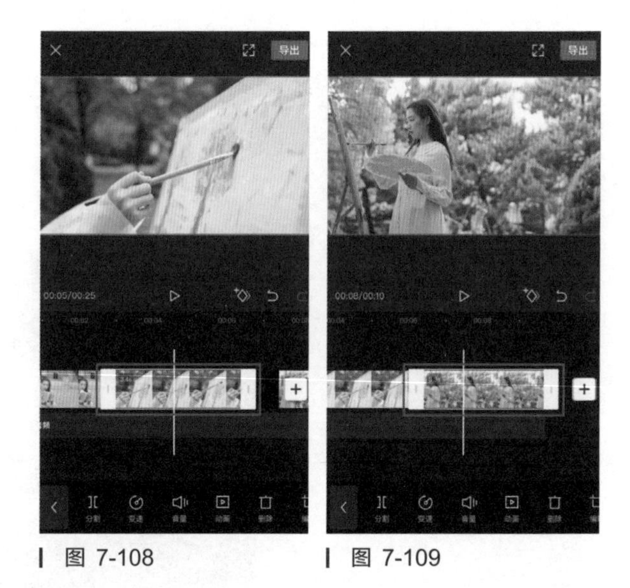

图 7-108　　图 7-109

6 选中第一段视频素材，点击底部工具栏中的“变速”按钮，再点击“常规变速”按钮，如图 7-110 所示；拖动变速滑块，将速度调整为 0.5×，调整完成后，点击右下角的“确定”按钮，如图 7-111 所示。

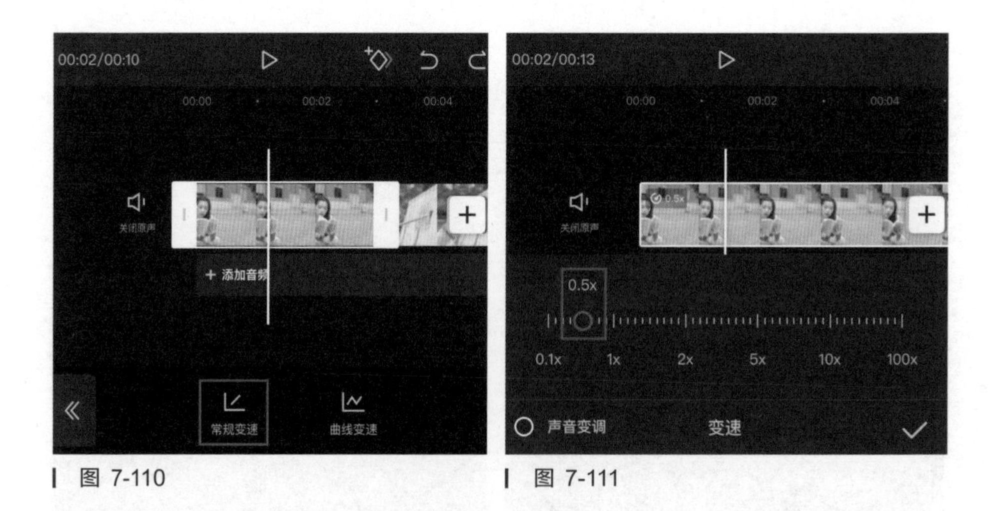

图 7-110　　图 7-111

7 使用同样的方法，将其他两段视频素材的速度都调整为 0.5×。速度调整完成后，此时预览视频会发现其播放速度变慢，整个视频画面形成慢放动作的效果。

8 将视频变速后，点击第一段视频素材和第二段视频素材之间的按钮，如图 7-112

所示。在弹出的转场面板中选择“基础转场”，选择“叠化”转场效果，如图 7-113 所示，添加转场效果后，点击“确定”按钮，此时视频会通过慢慢叠化的方式进行场景的转换。

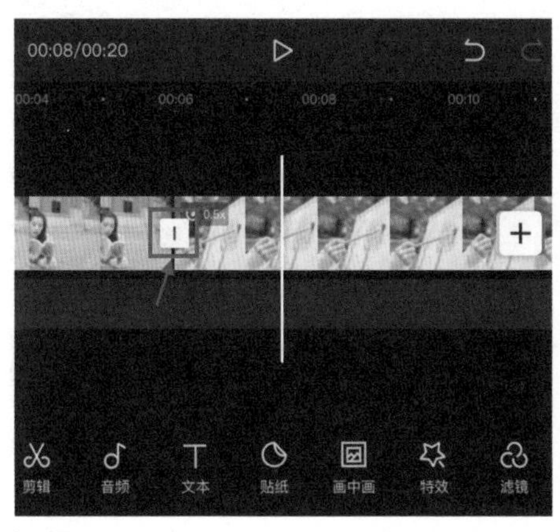

图 7-112

图 7-113

9 使用同样的方法，在第二段视频素材和第三段视频素材之间也添加“叠化”转场效果。

10 将时间线移动至视频开始的位置，点击底部工具栏中的“特效”按钮，如图 7-114 所示。选择“基础”中的“电影画幅”特效，如图 7-115 所示。

图 7-114　图 7-115

11 添加特效后点击“确定”按钮，在轨道区域中按住“电影画幅”特效素材尾部的按钮，将其向右拖动至视频结尾处，为整个视频添加该特效，如图 7-116 所示。

12 将时间线再次移动至视频开始的位置，点击底部工具栏中的“新增特效”按钮☆，如图 7-117 所示。

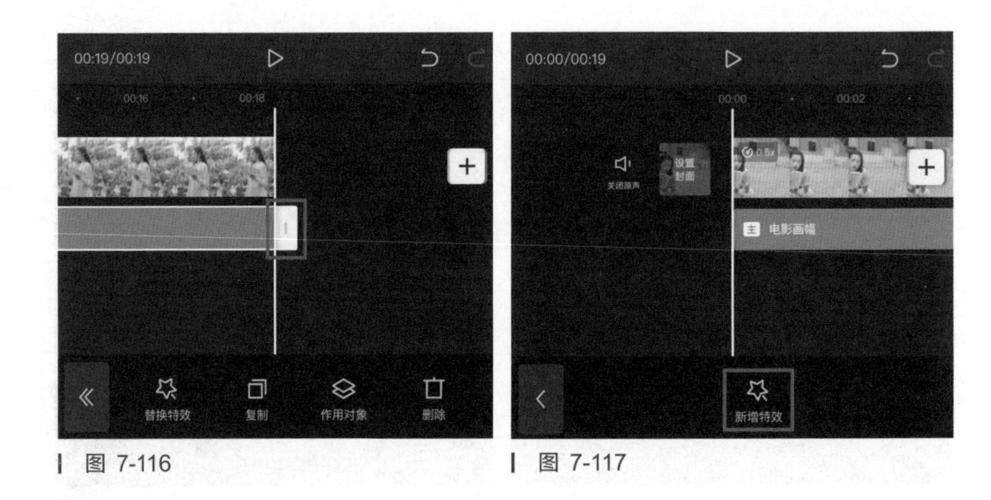

图 7-116　　图 7-117

13 添加“开幕”特效，使视频开头出现开幕的效果，完成后，点击“确定”按钮☑，如图 7-118 所示。

14 再次点击“新增特效”按钮☆，添加“柔光”特效，如图 7-119 所示，点击“确定”按钮☑后，同样按住“柔光”特效素材尾部的按钮，将其向右拖动至视频结尾处，使整个视频都具有柔光的效果。

图 7-118　　图 7-119

15 点击底部左侧的«按钮，返回上一级界面，如图 7-120 所示。将时间线移动至视频开始的位置，点击底部工具栏中的“音频”按钮，再点击“音乐”按钮，如图7-121所示，在“添加音乐”界面中选择“旅行”音乐类型，如图7-122所示。

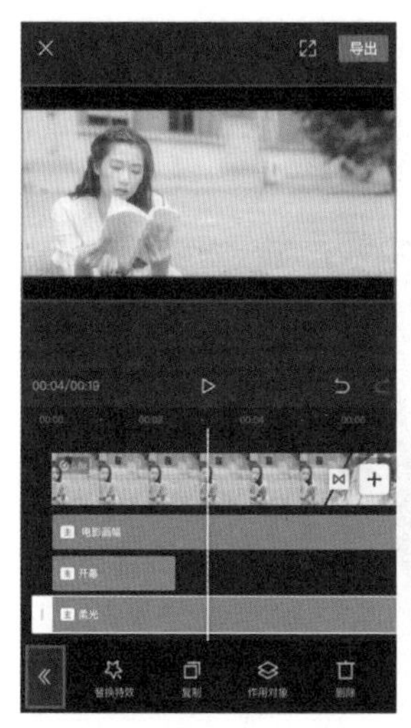

图 7-120

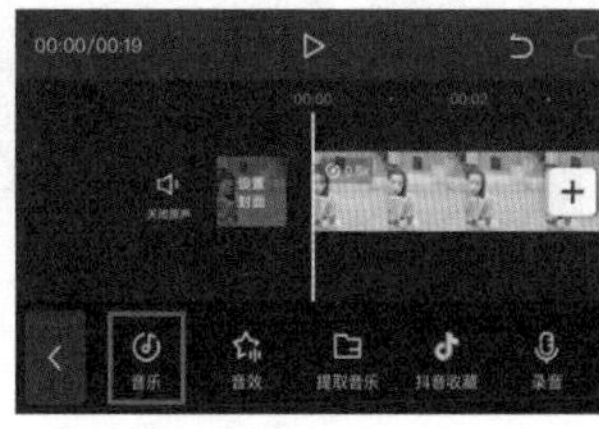

图 7-121

图 7-122

16 在“旅行”音乐列表中选择一首歌曲，点击其右侧的“使用”按钮，如图7-123所示。

17 将时间线移动至视频结束的位置，选择音乐素材，点击底部工具栏中的“分割”按钮，将音乐素材分割为两段，如图7-124所示，并删除时间线右侧的音乐片段。

图 7-123

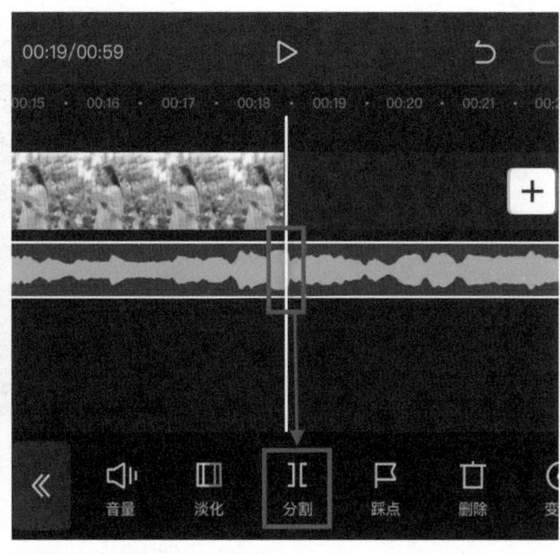

图 7-124

18 将时间线移动至视频开始的位置，点击底部工具栏中的“文本”按钮T，如图7-125所示，再点击“识别歌词”按钮，如图7-126所示。

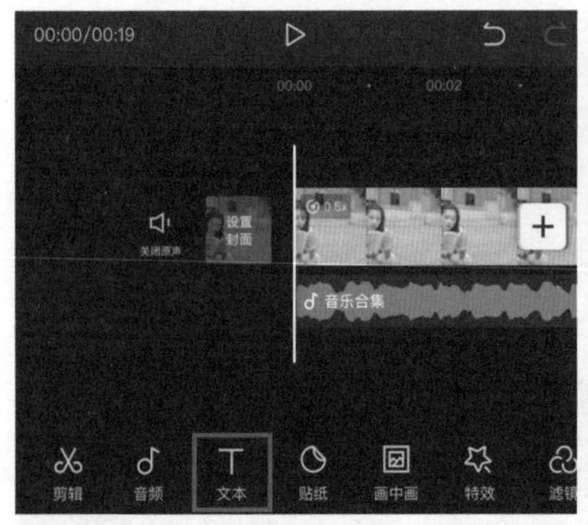

图 7-125

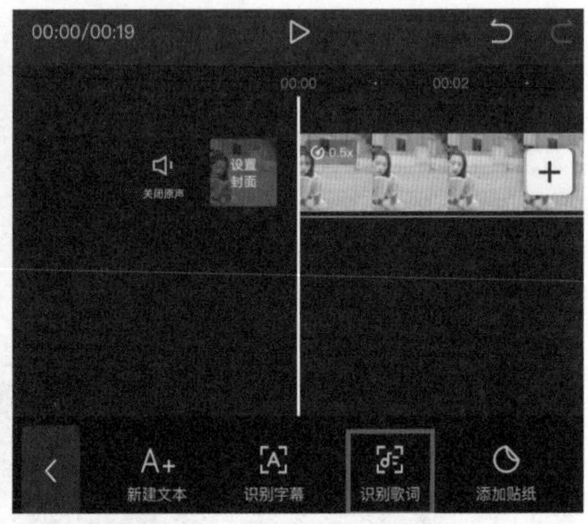

图 7-126

19 执行上述操作后，剪映会自动识别歌词并显示字幕，选择其中一段文字素材，在预览区域中拖动文字的调整框，稍微放大文字，并将字幕移动至视频的底部，如图7-127所示，用同样的方法对所有字幕进行调整。

20 双击预览区域中的文字，在打开的设置面板中选择“动画”，选择“入场动画”中的“渐显”动画，并调整其入场速度为3.7秒，如图7-128所示。

图 7-127

图 7-128

21 视频制作完成，点击界面右上角的“导出”按钮，将视频保存至本地相册中。部分画面效果如图 7-129~ 图 7-132 所示。

图 7-129

图 7-130

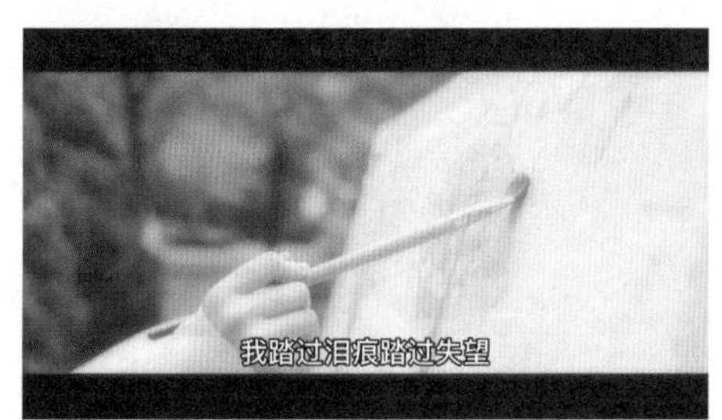

图 7-131

图 7-132

第8章 掘金之道，快速打造个人品牌

在如今的商业社会，个人品牌的塑造至关重要。以往都是通过图文来打造个人品牌的，现在则可以通过短视频快速打造个人品牌。短视频是加速器，可以大幅缩短打造个人品牌的周期，完成商业模式的变现闭环。每一个爱拍短视频的人只要努力经营自己的个人品牌，就很有可能在小范围内成为一个具有影响力的意见领袖，并因此获得更多的机会。

8.1 个人品牌：塑造独一无二的你

个人品牌是指个人通过外在形象和内在涵养，所传递出的独特、鲜明、确定及易感知的信息集合体。简单来说，一个人只要拥有某方面的能力或才华，便可以通过文字、视频或图片等媒介将其持续放大，以便得到更多人的认同和赏识，由此形成自己独特的标签，这个标签便是“个人品牌”。

8.1.1 人脸是最容易被记住的

想必大家都知道，如果一个人的脸反复出现在大众眼前，并且他通过语言或文字与大众建立了沟通、达成了共识，那么其价值可能就会得到大众的认可，作者形象露出如图 8-1 和图 8-2 所示。

图 8-1

图 8-2

8.1.2 个人品牌能带来什么

个人品牌在营销中的价值非常大，对于各大短视频平台中的创业者来说，“人带货”的情况远多于“货带人”，并且随着平台推广力度的进一步加大，日后“人带货”的比例会越来越大。

天使投资人李笑来曾在 2017 年说过：“在未来几年，个人品牌价值的增幅至少比房价涨幅大 10 倍。”这句话也从侧面印证了个人品牌的力量。某知名主播通过直播成功树立了个人品牌，作为商家和消费者的桥梁，大众信任他且认可他的带货能力，他也因此获得了回报。截至 2021 年 11 月 23 日，该主播在抖音平台的粉丝数量已高达

4574.3万，累积获赞3.2亿次，他在2021年“双十一”期间更是创下了70.6亿元的成交金额。

总的来说，打造个人品牌有以下几个显著益处。

- 帮助个人实现逆袭。打造个人品牌是普通人实现逆袭的有效途径。在互联网上每隔一段时间就会出现爆火的“网红”，很多之前籍籍无名的人却能因为流量摇身一变成为知名主播。
- 提高个人辨识度。个人品牌相当于一个人身上的标签，当这个标签达到一定知名度时，就可以大大降低客户选择的成本。
- 使他人信任自己。成功的个人品牌往往能收获大众的信任，其价值也能得到客户的认同。
- 获得更多资源。依靠个人品牌的个人，能在激烈的竞争中脱颖而出，获得更多的工作机会，因为品牌印证了他们自身的能力，能更好地让企业负责人看到。在创业领域，依靠个人品牌能够更好地获取融资，让自己的创业之路走得更为顺畅。

8.2 个人品牌打造模型

本节所讲的个人品牌打造模型包括5个部分，如图8-3所示。本节内容可使大家在日后运营个人品牌时更加得心应手。

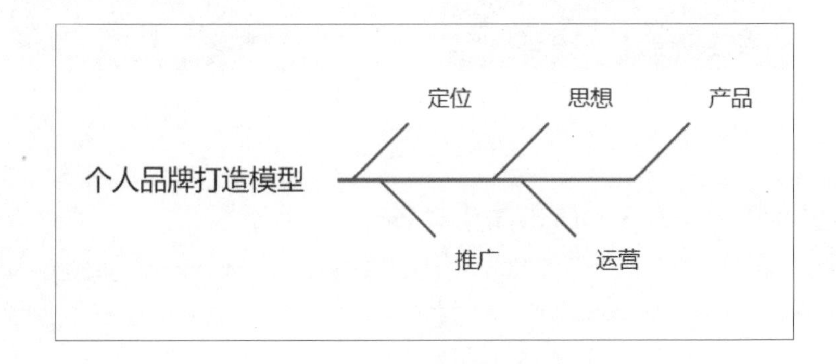

图 8-3

8.2.1 定位

如今短视频行业竞争激烈，短视频创作者应当选择适合自己，并且容易成功的方向，简而言之，就是找准定位，避免因为错误的选择让自己心生遗憾。

简单来说，定位就是决定自身要专注哪个领域，想要做哪方面的内容输出。比如，短视频的定位是美食，那就持续发布与美食制作、美食分享等相关的内容；如果定位是美妆，就持续发布与美妆教程、美妆产品评测等相关的内容。大家需要注意的一点是，短视频内容越垂直，吸引的粉丝就越精准。图 8-4 所示为短视频中一些常见的内容板块。

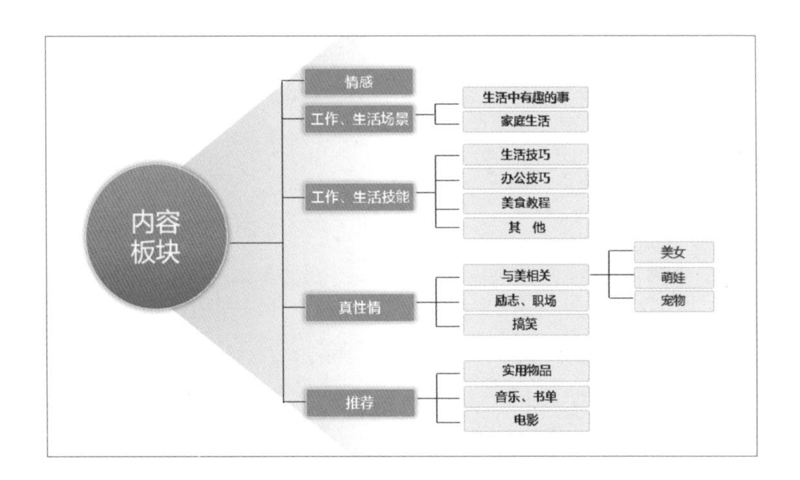

图 8-4

除了要持续、垂直地输出短视频内容，各位创作者还要时刻关注比较容易获得流量的热点话题、热门题材等。下面将从 5 个方面出发详细剖析定位的技巧和要点。

1. 内容定位的 3 个原则

一般来说，在各大短视频平台上，内容是决定账号是否成功的重要因素之一，因此在创作内容时，各位创作者必须遵循一定的创作原则，尽可能发挥自己的优势，如图 8-5 所示。

图 8-5

要想在短视频行业对自己做出合适的定位，大家需要遵循以下 3 个原则。

- 满足市场需求。积极寻找短视频行业未被满足的市场需求。大家运用大数据进行深入挖掘时，就已经了解了所谓的目标观众是哪些，接下来需要做的，就是继续挖掘观众对短视频内容的需求，并创作出观众想看的内容。
- 竞争对手少。如今短视频行业竞争激烈且同类型产品居多，单个领域所提供的流量有限，如果做的人多了，分散到每个人手中的流量势必会减少。在选择领域时，尽量选择竞争对手较少的领域，这样能确保自身获得更多的流量。
- 个人兴趣爱好。从个人兴趣爱好入手，锁定自身擅长的领域进行精耕细作，远比盲目跟风创作自己不喜欢或不擅长的内容要高效。在创作内容时，要有意识地形成自己独特的风格（即个人特色），让他人无法轻易模仿和超越，这样才能确保自己在该领域中处于绝对的优势地位。

2. 发现行业痛点并解决行业实际问题

除上述 3 个原则以外，还有一种快速定位的方法，即尝试开辟全新的领域，在竞争激烈的行业中，唯有“创新”才是制胜法宝。如果一个全新的领域里只有你一个人，你只需稍稍努力，就很有可能获得大片市场，这样的定位就是非常有优势的定位。

要寻求创新和突破，平时就要多观察各行各业的发展，多分析各行各业存在的问题，哪里有“痛苦”和“难题”，哪里就有市场。大家要争取做某个领域的“传播第一人”。因为在许多领域中要真正做大做强，靠的不是一己之力，而是要整合该领域里的资源。

技能精讲：如何理解“传播第一人”的概念？

如果直接将自己定义为某个领域的第一人，首先在专业度上肯定得不到别人的认同。但如果将自己定义为该领域“传播第一人”，个人的形象就是这个领域最有利的推广标签，这相当于为这个领域（行业）做出了贡献，即使专业度不是最高的，但在营销方面能远超同行，这时就可以去整合这个领域的资源了。

3. 领域的垂直和细分

在打造个人品牌时，要想提高成功率、降低难度，最好的办法就是在垂直领域里深耕细作，强化个人标签，让大家一提到某个领域就能迅速想到这个标签。

打造个人品牌是一个长期过程，需要不断地积累和强化个人标签。要强化个人标签，就要不断地输出内容，并且其他行为也要符合个人定位。你希望在别人心中留下什么印象，那就要对相应的标签进行强化，做到“标签固定 + 风格稳定 + 创意不断”，不要让了解你的观众产生错乱感，同时又要让了解你的观众有新鲜感。

技能精讲：如何给自己定位？

许多创作者在打造个人品牌时，都倾向于选择热门话题或行业，但这也是需要视情况来选择的。热门话题虽然容易在短时间内吸引到粉丝，但要获得高质量粉丝还是比较困难的，并且依据热门话题创作的内容竞争激烈。编者建议大家以自己的特长或兴趣为基础进行创作，当自身不具备稳定的流量和粉丝时，尽量选择垂直领域进行创作。

4. 学习直接有效的定位模式

对于初出茅庐的短视频创作者来说，如果仍不能很好地理解上面的内容，可以考虑将两个行业的关键词组合到一起，创造出一个全新的领域。

不同的行业可以细分出很多领域，比如有人想做食品营销，从“食品”领域可以细分出很多内容，比如“茶叶”，将这个关键词与短视频相结合，便可以得到“茶叶 + 手机短视频营销”的定位模式。

5. 个人品牌占位

所谓的品牌占位，实际就是抢先的意思，谁第一个提出某个概念，往往谁就能占领实现品牌占位，获得消费者的第一心智。在互联网上，占位是很实用的一套模型，无论在哪个细分领域，争取获得消费者的第一心智，就有很大可能获得市场先机和大量的客户。

8.2.2 思想

这里的思想是指“传播品牌思想”。一流品牌传思想，二流品牌传名字，要想在某个领域做出名气，就需要拥有一套独特且容易被大众接受的品牌思想体系。

策划和梳理出一套属于自己的品牌思想体系，对于社会上绝大多数人而言，是非常困难的。编者在过去几年的时间里，掌握了一套逻辑严密的品牌思想体系策划模型，能够帮助大家在陌生的领域中迅速策划出一套完整的思想体系，下面将逐条详解这套模型。

1. 分析整个行业的痛点

以茶叶销售行业为例，大家可以先对这一行业的“痛点”进行深挖，假设可以得到以下几点信息。

- 传统营销成本越来越高。
- 传统营销效果越来越差。
- 传统茶叶营销渠道流量少。

2. 讲述这套模型的好处

根据以上几个痛点，阐释通过短视频销售茶叶有什么好处。

- 成本比传统媒体要低很多。
- 茶叶短视频营销效果持久。
- 通过短视频销售茶叶可以直接获得客户。

3. 梳理出行业案例

身处互联网营销时代，各大平台和商家都在争取有限的流量，因为流量能带来可观的收益。以茶叶销售行业为例，我们在分析了该行业痛点并分析了通过短视频销售茶叶能获得的好处后，可以进一步搜集和整理一些茶叶短视频营销成功的案例，从中窥探有效的营销方式和技巧。例如，市面上的小罐茶等品牌，在营销方面都取得了较好的成绩。在短视频行业中，大家可以采取的营销方式还是比较多的，无论是“硬广”，还是“软广”，营销的主要目的就是刺激消费者的需求，提升自身产品在市场上的存活率，这需要创作者在实操过程中去自行摸索。

4. 提炼变现核心秘诀

大家可以尝试将一些“干货”内容发到贴吧、微博等平台，帮助目标用户解决一些实际问题，如图 8-6 所示。另外，大家要在各大流量平台上坚持长期更新“干货”内容，然后将对内容感兴趣的人引导至私域空间，以此来实现授课变现等。

图 8-6

简单来说，编者归纳的核心变现秘诀为以下 3 点。

- 通过各大平台获取流量。
- 通过“干货”内容引流。
- 在变现平台将知识内容通过授课、问答等多种形式进行变现。

5. 制作一些工具用于传播

在完成以上几项工作后，可以创作一些短视频、文章、课程，或者建立相关社群、开设直播等，来进一步传播内容。

大家依照上述模型，花上简短的时间，就能独立策划出一套完整的思想体系，随后根据实际情况细化内容即可。

8.2.3　产品

在拥有了思想体系之后，就要开始对思想进行营销裂变传播，那么如何将思想打造成产品呢？大家可以尝试从以下几个方面着手。

1. 视频教程

大部分人都喜欢看视频和分享视频，特别是如今的年轻人，更热衷于以视频的形式来学习新鲜的事物。对于推广和优化人员来说，一个具备几百万流量的视频无论是对品牌还是关键词权重的影响都是巨大的。

2. 传统图书

随着新媒体行业的发展，传统图书的确受到了一定的冲击和影响。但即便智能手机与新媒体如此发达，电脑、网络成了生活中必不可少的工具，传统的图书、报纸、杂志也仍旧存在于人们的工作和生活之中。

3. 电子书

早些年电子书出现的时候，大家还在感叹技术的进步可能会让电子书取代传统图书，如国内的汉王电子书、掌阅 iReader 等，给全民阅读增加了一个重要的终端选择。简单来说，电子书具备以下几个优势。

- 易存储。单本电子书的大小有时仅几百 KB，这就决定了其易于下载、易于存储的特性。
- 成本低。与传统图书相比，电子书的数字介质使编辑成本降低。
- 便利性。不管是一部手机，还是一个 U 盘，或是一台电子阅读器，都可以存储多本电子书，以便用户随时阅读。

4. 原创文章

许多网站及公众号都推崇原创文章，尤其是高质量的原创文章。下面列举了几点原创文章的创作技巧。

- 悬念式文章。文章的开头要用与众不同的方式吸引人们的眼球，通过设问引起人们的关注是悬念式文章的特点。
- 故事式文章。在一般情况下，故事是比较吸引人的，故事的知识性、趣味性、合理性是文章成功的关键。故事式文章不只是讲故事，而是利用故事背后的产品线索来突出文章的重点。
- 情感式文章。富有感情的文章比较能吸引人们阅读。情感最大的特色就是容易打动人，所以情感式文章是获得流量的法宝。
- 新闻式文章。社会新闻是人们关注的焦点，以新闻事件的手法去写文章，能让人们了解当前的时事新闻；通过新闻突出文章的主题和关键词，更能体现出文章的新颖之处。
- 诱惑式文章。这类文章与促销差不多，通过推出一些打折的优惠信息等，以抓住人们追求实惠的消费心理，这样就能够吸引人们的关注。

5. 微信朋友圈

移动互联网的发展带动越来越多的人注册和使用微信，加上微信自身的日活跃用户数量庞大，利用微信朋友圈进行推广营销早已成为众多企业及个人常用的营销推广方式。下面为大家归纳几点在微信朋友圈中进行营销推广的技巧。

- 注意内容发布时间。一般来说，6:00—9:00为上班高峰期，11:30—12:30为午休时间，18:00—19:00为下班高峰期，22:00后为放松时间。大家可以根据实际情况决定自己发布内容的时间段，尽量保证自己发布的信息能够及时地被更多的人看到。
- 添加好友。根据自身分享的内容，来决定自己需要添加什么样的好友，确保自己分享的内容能满足大部分好友的实际需求。
- 定位清晰，持续输出。自身要有清晰的定位，并持续不断地输出内容。在输出前要多加学习。一般来说，要输出1份内容，得先学习超过10份的内容，才能将其融会贯通，举一反三。
- 突出个人特点。在做自我介绍的时候，要突出自身特点，比如自己有什么资源、能力。这样可以让他人对你产生印象，继而对你产生好奇，想要认识你。
- 把握信息发布的度。不要群发广告，广告是无效信息，群发广告是容易让人反感的行为。微信是私密空间，没人喜欢被广告打扰。不要群发测试“清粉”的消息，不要频繁私聊求点赞、求投票、求转发。

- 持续学习。当你的粉丝不够多，你的品牌影响力不大时，你可以先持续学习，找到榜样。为没有能量的人提供自己的价值，在有能量的人面前展现自己的价值，并且尽快做出自己的成绩。
- 客户分类。为重要的客户和粉丝打上星标，备注标签并添加客户的描述信息。平时要及时跟进重要的合作和客户，因为有时拼的不仅是产品，还有与客户之间的感情。
- 发布内容的多样性。不要局限于发布图片或文字，还可以多发视频。
- 拓宽内容发布渠道。朋友圈展现的都是非常碎片化的信息，必要的话也可以将内容整理发布到公众号上。

8.2.4　推广

科技的发展及社交媒体的出现让大众可以更便捷地发声及表达自身观点。一部智能手机就能造就一个自媒体，这是一个人人都是自媒体的时代。

要想享受自媒体时代的红利，大家需要建立新媒体的思维，对传播学进行深入学习，只有建立了新媒体的思维，才能驾驭各个社交平台的内容工具，然后去输出内容，输出的内容是为了强化标签。

当大家真正运营一个或多个社交平台，并输出内容时，就要考虑自身内容与自身标签的关系。在各大社交平台上，很容易出现内容泛滥、同质化的情况，在新媒体信息的红海里，人们记不住内容，只能记住内容带来的感觉，而这个感觉就是你的标签，这个标签就是你的定位。所有的内容都是为了强化自身标签，内容和标签同等重要。

8.2.5　运营

一个品牌的成功离不开运营。对于广大创作者而言，运营的核心目的在于变现，大家可以通过产品销售、平台补贴、接广告、付费课程、商业私人咨询、整合资源变现等运作方式来达到变现的目的。

技能精讲：如何寻找商业合作机会？

机会并不会从天而降，大家要学会主动出击，多出去走走，多和大家交流，甚至是主动帮助他人。此外，还可以多融入一些圈子，在其中寻找合适的资源和机会。当然，如果大家想获得稳定持久的商业合作关系，那还得建立在彼此尊重和多赢的基础上，大家可以尝试从以下角度思考如何运营自己的个人品牌，从而获得商业合作机会。

- 客户角度。大力推广，同时要想办法提高客户满意度。
- 用户角度。写出自己的个性观点，让读者有所启发。
- 自我角度。能够提升自己的知名度和影响力。

8.3 打造个人品牌的方法

品牌是企业竞争的法宝，在未来，品牌也会是个人竞争的法宝。打造个人品牌的直接效果就是创造经济效益。任何一个想在自己的事业领域有所作为，以及想在竞争领域保持领先地位的人，都必须完成从职业（工作）到个人品牌的转变。本节将介绍几种打造个人品牌的方法。

8.3.1 完善个人资料

创建账号之后，往往需要填写和设置一些基本信息，如账号名称、头像、个人简介、封面等。这些基本信息的填写工作虽然不复杂，但也能或多或少地影响账号的被关注度。

1. 账号名称

很多时候，营销推广难做并不是因为方法不对，也不是因为资金投入不够，根本原因可能在于没有一个足够有辨识度的账号名。在竞争激励的短视频行业中，好的账户名称自带流量，能够大大提高营销推广的效果。无论是行业 IP 还是个人 IP，如果对取名的重要性的认知不足，就会为后续的产品开发和包装推广留下隐患。

账号名称有“行业＋名称”“行业＋IP”“品牌+IP”等形式，比较常见的形式有两种，第一种使用品牌名称作为账号名称，这类账号主打品牌的推广；第二种是以“领域 +IP”的形式来命名，这类账号内容定位十分清晰。如果没有足够的资金去打造自己的品牌，建议多以“领域 +IP”的形式为账号命名，这样不仅内容直观，而且有利于塑造个人 IP。

账号名称是个人账号的代名词，名称的设置要慎重，除了要具备一定的辨识度和趣味性，还应当与定位内容有较强的关联性，同时可以贴上相应的标签来体现账号定位。

2. 头像

选择头像的关键在于突出账号的主体内容，可以选择个人照片或未经加工的形象照，来更好地展示个人形象，以形成深刻的品牌效应。如今，抖音平台上的一些知名账号 IP 基本上用的都是本人的照片，并且一旦使用就不再随意更换，用户通过真人头像可以基本猜到该账号是做哪个垂直领域内容的，真人头像有利于打造账号 IP。

3. 个人简介

设置个人简介的目的主要有两个，一是吸引用户关注，二是将用户引流到其他平台。在设置个人简介时，一定要写清楚自己的定位，以及账号的价值和开设账号的目的，比如某个商业账号的简介是“让天下没有难做的生意”，这就明确地表明了自己的账号定位。对于一些个人账号来说，如果不知道简介怎么设置，最简单的做法就是使用一句口号或者一句宣传语，来引起用户的共鸣和关注。

8.3.2　人设及差异化内容

大家观察抖音平台的一些头部账号，不难发现，那些拥有一定粉丝量的账号大都具备人设，即个人标签。头部账号的 IP 大都具备差异化，并不是趋于同质化的。要想赢得观众的认可，就要学会树立独特的“人设”，不能看到别人发什么内容火了，就照抄照搬，做相同的内容。

树立人设的作用在于把自身最好的一面展示出来，通过打造精致的形象，可以吸引观众的注意力，提高观众对账号的喜爱程度。大家可以借鉴编剧塑造人物的方法来树立人设，但要注意分清主次，即内容中要有主要人物、次要人物、群像式人物。

- 主要人物。主要人物即作品着重刻画的中心人物，是引起矛盾和冲突的主体，也是主题思想的重要体现者，其行动贯穿全剧。
- 次要人物。次要人物对主要人物的塑造起着对比、陪衬、铺垫作用，或者作为矛盾的对立面存在。次要人物同样应具备鲜明的性格特征，是故事中不可或缺的人物。在一般情况下，由于次要人物在作品中所占的篇幅有限，因此要借助细节表现出其特征。
- 群像式人物。有时需要群像式人物来表现情节。在短视频中，群像式人物更多是日常生活中常见的人物，他们展现了生活的真实性，即使有时候无名无姓，也能推动故事的发展。

8.3.3　分析受众及竞品

分析受众的目的是帮助自身更充分地了解受众群体，在了解受众群体的情况下，后期短视频内容的选择才能更有针对性。大家需要了解平台上哪些用户是目标受众，整理并分析这些用户的基本属性，如性别、年龄等，如图 8-7 所示。在了解了受众群体的基本属性后，创作者们就需要思考自身要通过怎样的内容去吸引他们的关注，并引导他们成为自己的忠实粉丝，最终实现变现。图 8-8 所示为抖音平台的用户群体画像。

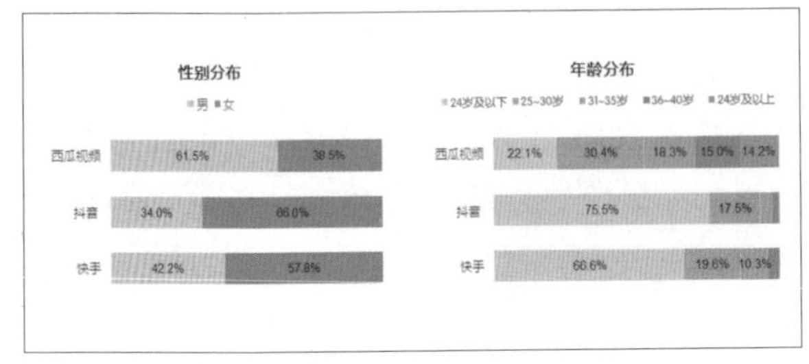

图 8-7

图 8-8

此外，分析竞品也是至关重要的。分析竞争账号作品的播放量、点赞量及评论等，可以帮助大家总结出目标用户喜欢怎样的短视频形式，对什么内容比较感兴趣。这样可以帮助大家降低失败的概率，避免产出一些质量不高的作品。

8.3.4 分析平台的短视频类型

随着短视频的兴起，大众利用碎片化时间获取信息的渠道越来越多。如今，抖音、快手等短视频平台，已成为大众消磨时间的主要方式。抖音和快手的日活跃用户达几亿人次，有流量就有机会，利用这些平台打造个人品牌是切实可行的。

以如今备受年轻人追崇的抖音平台为例，该平台是一个非常看重内容的平台，相较于快手等其他平台的侧重点有所不同，因此采取的战略也是不同的。抖音平台之所以如此火爆，很大一方面取决于其强大的传播力和影响力，对于想要利用这一平台打造个人品牌的创作者来说，不妨提前去了解一下该平台上有哪些类型的短视频，以及哪些短视频受欢迎，对这些短视频进行综合分析，再结合自己的个人品牌定位输出内容。

在抖音平台上，有情感类、幽默搞笑类、生活类、教学类、创意设计类等不同类型的短视频，大家可以多挑选一些不同类型的短视频进行分析，分析其文案、拍摄技巧、呈现方式、画面效果等，并借鉴这些短视频的优点。

8.3.5 以目标为导向

对于各位创作者而言，若在账号运营期间没有一个明确的目标，那么大部分工作都会处于盲目执行的状态。为了避免这种盲目执行的状态，大家首先要做的是明确目标，并为目标设立一个完成期限；其次要对目标进行分解，最后认真执行。

可能有些人对如何明确目标不太理解，这里所说的目标并不是单一的，可以是一个月粉丝数量突破多少，或者是每周需要发布多少条短视频等。在制定了目标的情况下，大家势必要时刻关注数据，并根据数据对内容进行优化，使得自身账号一步一步实现目标，这其实就是一个不断进步和提升自己的过程。

总而言之，个人品牌的建立并不是一朝一夕就能完成的，需要大家投入足够的时间和精力，不断探索并积累经验，才能在这条路上越走越远。

8.3.6　渠道选择

在选择投放渠道前，应当认真思考短视频的定位及营销目的，全面了解各个平台的调性及用户特点，分析其与自己的目标用户是否相吻合。每个平台都有各自的属性及特点，平台的用户也具备各自的属性及特点，例如，今日头条平台的男性用户较多，适合投放科技类、汽车类视频；美拍平台的女性用户较多，适合投放美妆类、时尚类视频；哔哩哔哩平台的年轻用户较多，适合投放电竞游戏类、动漫类视频。在发布内容前，大家需要提前了解平台的规则，根据规则及时调整自己的内容，以适应平台的要求。

技能精讲：如何系统化运作自媒体？

如今许多人单一地利用微信做自媒体，这样其实是无法长久的。从门户网站到论坛，再到微博、微信、抖音等，事实证明，每过一段时间可能就会有新的平台出现。大家要记住一点，每个平台都有自己的生命周期，做自媒体一定不要只专注于一个平台，而应多平台运作。内容创作固然重要，但推广内容比创作更为重要。原创内容发布后，一定要多渠道宣传和推广，这样才能够让自身内容的影响力最大化，同时也不会因日后的平台变迁使自己遭受太大的损失。

8.4　个人品牌营销

在建立个人品牌后，需要进一步进行营销，以扩大品牌的影响力，并从中获益。本节就以抖音平台为例，讲解与个人品牌营销相关的内容。

8.4.1　个人品牌营销的一般步骤

品牌营销是通过市场营销推广手段，让消费者认识、熟悉、认可、信任品牌，并对品牌提供的产品或服务感到满意的过程。从品牌长远发展的角度来看，若想长期处于竞争优势地位，就必须做好品牌的营销工作。下面介绍个人品牌营销的一般步骤。

1. 基础搭建

很多人在刚运营账号的时候就直接发布视频，结果播放量只有几十次，点赞和评论数更是只有几个。这里要提醒大家，在注册抖音账号之后，不要更改账号资料，应该直接开始看与自己账号定位相关的视频，多点赞和评论，这就是“养号”。“养号”3~5天即可，然后在发布视频前完善资料，完成后就不要再反复修改了，避免让观众产生混乱感。

在“养号”的过程中，要模拟普通用户的行为“刷”视频，对视频进行点赞、评论、关注、转发、下载、收藏，这些都是一个普通用户的基本操作，让抖音认为你的账号是新账号，并且是活跃用户即可，这么做的目的就是让抖音对新账号进行流量扶持，避免被抖音官方判断为机器“养号”。

在这个过程中，要特别注意前 5 个视频的发布，前 5 个视频非常重要，因为前 5 个视频会获得抖音对新账号的流量扶持。抖音会通过账号的前 5 个视频识别账号属性，对账号后续发布的视频进行标签化、智能分发。

举个例子，如果某账号最开始发的视频中有 3 个与护肤相关的视频、1 个与健身相关的视频和 1 个搞笑类视频，那么抖音后续就会把 60% 的流量分配给护肤类，20% 的流量分配给健身类，20% 的流量分配给搞笑类。那么后续再发送视频的时候就会按照上面的比例将视频推送给不同的用户，对于创作者来说，这部分用户会很杂很乱，流量获取不精准。所以大家的做法就是“养号”，遵循一机（手机）、一卡（电话卡）、一号（抖音账号），并确保前 5 个视频的质量，当账号有了优质的视频作品之后，就可以去了解一下抖音的五大数据指标权重配比。

2. 使用数据分析工具

数据分析是抖音账号运营至关重要的一个环节，通过分析数据，可以获得用户画像，再根据用户喜好发布更为精准的内容，提升变现效率。常用的数据分析工具有“飞瓜数据”“抖查查”“蝉妈妈”等。

图 8-9 为飞瓜数据分析平台的首页，飞瓜数据是一个专业的短视频数据分析平台，不仅可以对单个抖音账号进行数据管理和查看运营情况，还能对单个视频进行数据追踪，分析传播情况。飞瓜数据不仅可以搜集热门视频、热门音乐、博主等，还能分析热门带货情况，是一个功能全面的数据分析工具。

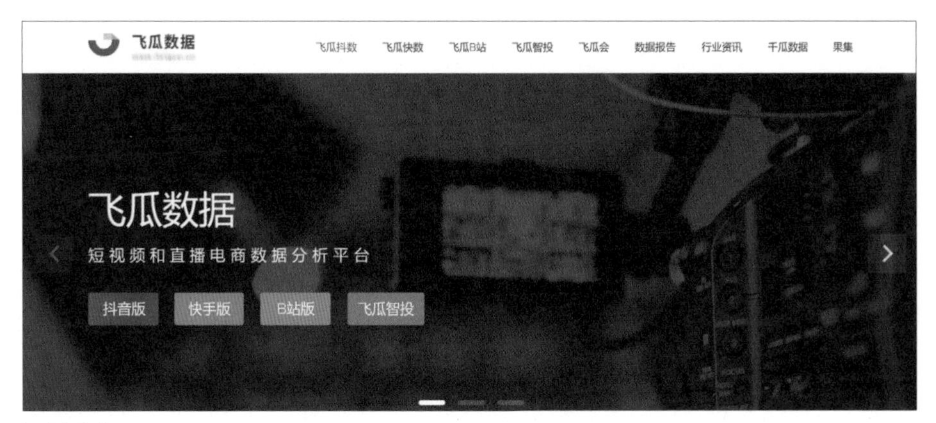

图 8-9

3. 促成“爆款”

一个新的抖音账号发布视频之后，首先会获得第一轮推荐，然后获得第二轮、第三轮推荐。其中，第一轮推荐是最重要的，只有在第一轮推荐获得不错的效果，视频被抖音官方认为有价值、值得推荐的情况下，该视频才有机会成为“爆款”。

把握好视频发布的时间很重要，视频在合适的时间发布，才有机会被更多的人看到。抖音在线用户最多的几个时段分别是周五晚上、周末两天、其他工作日 18:00—20:00，在这些时段发布视频，视频获得的曝光量会比平时多，但需要控制发布数量，建议每周发布 2~3 个视频。

8.4.2　掌握品牌营销的技巧

围绕品牌做内容，围绕产品做关联，直接从定位上占领用户心智。假如做与母婴相关的内容，那就发布一些孕妇孕期的注意事项及科普内容；如果做摄影类内容，那就上传一些平时拍摄的摄影作品；如果做科技领域的内容，就持续输出与科技相关的知识。下面将详细剖析品牌营销的技巧。

1. 品牌官方入驻

品牌官方可以帮助用户正确认识该品牌。作为又一新兴社交平台，抖音可以使品牌实现更碎片化、更视觉化的品牌内容输出，这就填补了微信、微博端的空白区。

2. 小心求证，大胆尝新

对于短视频这种新形式，大家都是摸着石头过河。所以大家要细心思考运营抖音账号的目的是什么？自己的品牌适合发布什么内容？塑造什么调性能吸引用户？根据这些问题，大胆投入人力、物力去尝试更多新的形式，填补抖音营销方式的空白区。

3. 开拓多元化的内容

品牌确定内容方向后，就可以去开拓多元化的内容了。如果方向多了杂了，就很容易造成用户流失、社群松散。

4. 填补抖音当前稀缺的高价值内容池

高价值内容无论何时都是受欢迎的，所以要结合自身品牌、产品特性，抢占某个领域的高地，让自身品牌在抖音占据一席之地。

5. 抖音营销内容的三要素

抖音营销内容的三要素分别是故事化、可互动、易模仿。有别于微信，更碎片化、视觉化的抖音，支撑得起更具故事性的内容，也能更高效直接地与用户互动，好的内容更能引起他人的模仿。

6. 音频的重要性不容忽视

即便抖音是一个短视频平台，但大家别忘了，它自称“音乐短视频平台”。无论是流行音乐，还是网络音频，已然成为大众乐于传播的“洗脑神曲”，所以抖音的音频、音乐空白区是非常大的，和视频内容一样，有趣且易传播的音频，值得大家深挖。

7. 评论区的社群建立与运营

微信主打强社交关系、微博主打弱社交关系，而抖音目前几乎为零关系。目前的抖音，在社交机制上尚未进行深度开发，因此品牌在与用户沟通时，评论区可以大做文章。

8. 多尝试跨界合作

融入了新元素的产品能给用户带来新的产品感知，也能让用户了解品牌多面的形象。作为剧情化的载体，抖音比微博、微信具备更强的剧情转折性和媒介互动性，所以也必将能给品牌跨界合作带来更多形式和创意。

9. 少投硬广，多找 KOL 植入

抖音的硬广与常规视频除了依靠“广告”二字来区分，其价格和效果差异也十分巨大。从数据报告来看，目前抖音上绝大多数“广告”不得用户欢心、转化率也不高。KOL（Key Opinion Leader，关键意见领袖）的广告植入，既能保证在不被用户反感的同时增加产品的曝光量，也能结合 KOL 的特色，让产品被记住、被选择的可能性更高。

8.4.3　内容营销形式

内容是重中之重，再多的品牌创意都要结合短视频内容进行传播，抖音通过短视频这种表达方式，将品牌和用户之间的距离缩短，提高用户转化为粉丝的概率。下面整理了几类有效的内容营销形式。

- 表演类。这种形式指运用自身的表演技巧和出乎意料的剧情安排，将品牌的特性完美展现出来，这类视频内容非常适合“发起挑战”，因为会吸引很多用户共同参与创作。此外，在内容创作上，创作者可以做个“演技派”，采用歌曲演绎、自创内容演绎和分饰多角等拍摄手法，配合音乐做一场表演秀。
- 特效类。运用软件制作特效，将品牌形象或信息植入视频，并添加震撼的音效，以达到震撼人心的目的。
- 实物类。将实物产品软性植入拍摄场景，或作为拍摄道具直观展现出来，引发带货效应。
- 故事类。用讲故事的手法，将产品或品牌信息带入特定的暖心情境中，使观众产生情感共鸣，引发互动。
- 动作类。运用肢体动作，表现品牌或产品的特征，引发观众联想，从潜意识切入，打入观众心底。

8.4.4　掌握品牌营销方式

作为当下热门的短视频平台之一，抖音凭借其巨大的流量，越来越受到广告方的重视。很多人还是会认为抖音营销不好做，没有现成的模式可以借鉴，但事实并非如此。成功的抖音营销案例有非常多值得借鉴的地方，并且可以据此总结出有效、可复制的抖音营销方式。

抖音最大的特点就是平民化，谁都可以拍视频，人人都是发声筒。下面总结了 9 个有效的抖音营销方式，正在学习抖音营销的读者可以根据自身特点进行选择，灵活搭配。

1. 聚焦产品，直接展示

如果你的产品本身有趣且有创意，或者有自己的主题，那就不需要拐弯抹角，可以直接借助抖音展示自己的产品。例如，某“网红”火锅产品可以实现一键升降的功能，如图 8-10 所示。没有用过的人刷到这条视频可能会感到惊讶，这就立马吸引住了用户的眼球。由于火锅具有话题性，因此直接展示产品本身，会立马引来大批用户的围观。

这种营销方式非常适合一些电商品牌，尤其是一些用途独特的产品，比如挑食宝宝的趣味饭团制作工具、将手机外壳和自拍杆相结合的“聚会神器”等，如图 8-11 和图 8-12 所示。

图 8-10

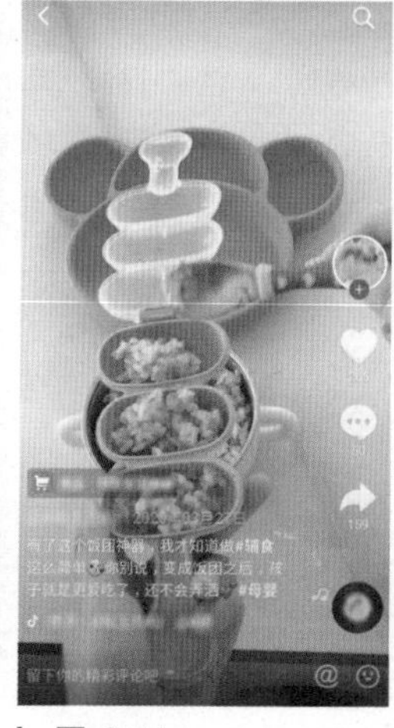

图 8-11

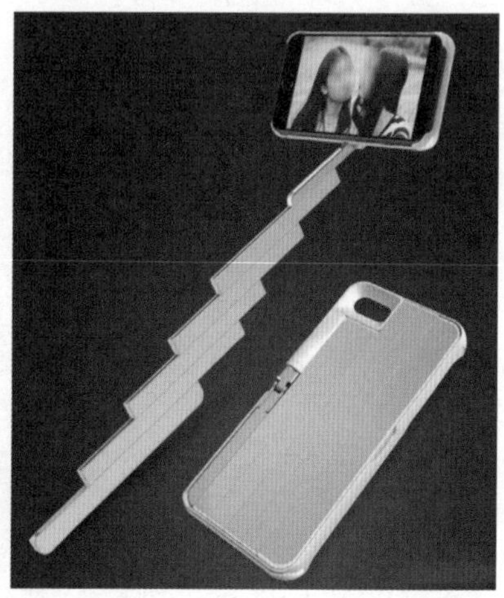

图 8-12

2. 策划周边产品，侧面呈现

如果自身的产品具有与同行相同的功能并且没有特殊功能，可以尝试从周边产品中找到主题和亮点。图 8-13 所示为知名博主推出的系列周边产品。

图 8-13

3. 挖掘用途，产品延伸

除了产品本身和周边产品，创作者也可以发散思维，探究产品是否有更多的用途，这样能够持续不断地吸引用户的眼球。比如，一些网友突发奇想地研究了海底捞调料与众不同的搭配方法，并大力宣传“比服务员调的还好吃”，随后海底捞遵从了“抖音吃法”并直接引入了一系列“网红秘诀”，比如，海底捞打破了火锅店只“涮”的吃法，在清水锅中加入鸡蛋、小番茄和自主选择的配料就变成了“番茄鸡蛋汤”。一名海底捞服务员说，在过去的一个月里，5 桌有 3 桌都点了“抖音套餐”，番茄锅底、油面筋桌桌必点，连配料台上的牛肉粒和芹菜粒的消耗速度都是此前的 2~3 倍。

海底捞的营销方式就是利用了用户的好奇心。海底捞在抖音推出的“超好吃”底料搭配法引起了用户的好奇心，加之参与门槛低，吸引了大量用户参与。每个人都有追随潮流、从众和模仿的心理，一种产品变成了“网红”，大多数人都说好吃，大家就都会想去尝一尝。除了火锅之外，其他看似普通的产品也可以挖掘出不少卖点，大家平时可以多多研究。

4. 放大优势，夸张呈现

夸张是运用丰富的想象力，在客观现实的基础上有目的地放大产品的某个特征，以增强表达效果的修辞手法。对于产品的某个或某几个独有特征，可以尝试用夸张的方式呈现，便于用户记忆。比如，凯迪拉克“滑动一键开启中控隐秘的存储空间”是车型亮点之一，该亮点中“藏钱的最佳位置”话题走红后，成为“抖友们”纷纷模仿的热门视频，仅其中一个相关抖音视频，点赞量就高达 6.2 万，如图 8-14 所示。

图 8-14

5. 跨界延伸，增加创意

若产品本身出彩的地方不多，那就用创意来填充。挖掘一些特别的功能或拓展一些增值附加功能，创造性地展示出这些跨界的用途或功能，也能吸引大家围观。比如，一家普通的饭店，没有独特的菜品，也没有旅游景点那样优越的地理环境，只是在店内设置了一个“10 秒”的计时器，如图 8-15 所示。如果用餐的顾客成功按到数字 10 就可以享受折扣，用户自发进行挑战并拍成视频上传至抖音，成功激发了大家挑战的欲望，在询问地址后，大批用户前往店内进行挑战。

图 8-15

6. 口碑展示，营造氛围

在抖音展示产品口碑，可以从侧面印证产品的火爆程度。大量用户在抖音跟风展示“网红”产品的卖点，通过多样化的内容呈现，不断加深其他用户对产品的印象，从而形成品牌口碑。比如，某奶茶店“隐藏菜单”的兴起导致抖音上出现了一些教大家如何喝奶茶的视频，如图 8-16 所示。这些视频发布之后，很多网友纷纷模仿这种点单方式，尝试新喝法，并发表自己的评论“真的很好喝”，鼓励更多的人去尝试，从而加快了该品牌的传播速度。

图 8-16

7. 日常曝光，传播文化

消费者在购买产品的时候，除了关注产品质量、服务水平，也会关注品牌的内部文化和氛围，尤其是一些大公司，很多人会好奇这种公司的待遇怎么样、福利怎么样等。

如果有两家产品相似的品牌公司，第一家品牌公司给人的感觉是员工热情团结、工作有激情，而第二家品牌公司却很神秘，为人处事不近人情。消费者肯定更愿意选择第一家，哪怕产品稍微贵一点。所以，公司完全可以在抖音上大胆地将自身的文化、办公室员工的生活趣事等呈现出来。

例如，小米公司的抖音账号之一“小米员工的日常”，如图 8-17 所示，发布了一条关于“小米员工都在哪里办公？”的视频，通过介绍办公室环境，搭配背景音乐，吸引了大量网友围观和评论，这一视频获得了上万的点赞量，如图 8-18 所示。

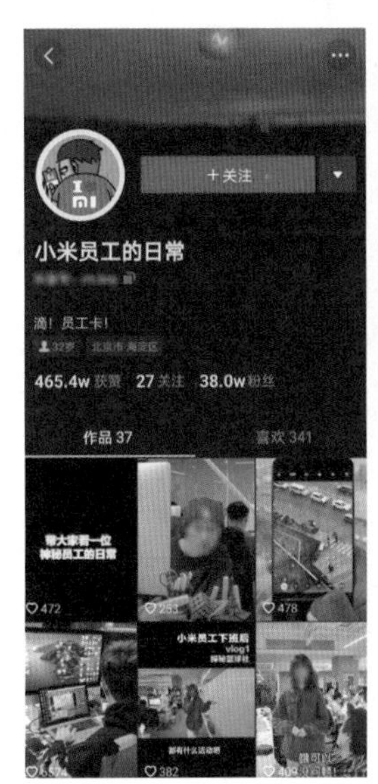

图 8-17

图 8-18

8. 融入场景，巧妙植入

该营销方式不再直接针对产品本身，而是把产品融入某个生活场景，潜移默化地让别人接受品牌或者产品，从而记住这个品牌或产品。换言之，虽然看起来只是生活小窍门或某个搞笑片段，但在场景中悄悄植入广告，比如桌角放产品、背后有品牌标识、出现广告声音等，这样依然能起到很好的品牌宣传作用。比如此前抖音获赞率很高的一类视频的内容大致是“抖友”在奶茶店门口和陌生人搭讪，视频背景是店铺的标识和产品，这其实就是场景营销。

9. 官方玩法，投入预算

除了前面介绍的一些比较热门的营销方式，如果有一定的广告预算，还可以参与抖音官方的玩法，比如开屏广告、信息流广告、与 KOL 合作、创建视频话题、品牌音乐、品牌贴纸等，与抖音官方合作的营销效果会比自己发布视频的营销效果好，但费用可能不低，大家酌情选择。

技能精讲：个人品牌如何获得更大的发展空间?

在建立个人品牌后，大家可以尝试从以下思路出发，扩大品牌的发展空间。

- 做行业社群。如今处于社群经济时代，建立个人品牌后可以创建一个专业的高端收费社群，通过做社群，不仅可以轻松赢利，还可以获得非常多的好资源。
- 做行业平台。有了粉丝和社群，自然就有了用户，并且能以此拓展更多的发展方向。

第9章 时代机遇，用直播布局个人品牌

短视频的受欢迎程度有目共睹，其老少皆宜、即开即看的便捷性深刻影响着人们的生活。近年来，随着短视频的普及，为了寻求突破，不少短视频平台开始引进直播板块，“短视频＋直播”俨然已成为时下热门的互动趋势，为用户开拓了一条崭新的发展渠道。

9.1 直播：引流与“涨粉”的重要手段

网络直播具备表现方式多样、互动性强、受众范围广、时空适应性强等独特优势，基于这些优势，直播在近两年内逐渐成为引流和“涨粉”的主要渠道之一。

9.1.1 了解直播的优势

短视频和直播作为两种独立的形式，各具优势。短视频明显的优势就是时长短，这一优势使得观众观看起来轻松、随意，符合如今生活的快节奏。相较于直播，短视频的传播速度更快，通过分享、下载、复制链接等形式，在微信朋友圈等社交平台的传播速度很快，且有趣的短视频及流行的背景音乐能够很好地引起观众的兴趣或关注。

直播明显的优势是互动性强，相较于短视频拥有更强的互动性与亲和力。直播内容发布的门槛低，直观性和互动性比传统的纸质或视频媒体更强。直播的多样性使得各平台的内容更加垂直、丰富，通过这种“所见即所得”的形式，主播与观众的互动和沟通变得更为紧密。直播的 5 个显著优势如表 9-1 所示。

表 9-1

优势	具体说明
真实性	直播可直接呈现事件的全过程，让信息来源变得更加真实可靠，尤其是针对一些社会热点事件，通过现场直播更容易让大众明白事件的整个过程。网络直播使内容更加真实，展现出来的信息是看得到、听得到的，所以比传统的文字、图片信息更能让大多数人相信
传播性	直播作为微社交时代的新型社交方式，由于融合了文字、语音、画面等多种表现形式，内容观赏性更强，适宜人群更广，因此比传统传播方式具备更显著的优势，传播范围更广，传播速度也更快
社交性	大多数网络直播平台都具备社交属性。即使定位不同，针对的人群不同，功能有所差异，比如主播和粉丝之间的互动，粉丝与粉丝之间的互动，但都是以社交为基础的。不难看出，其实很多新媒体平台都具备社交属性，大多数平台都是先具有社交功能，再向其他功能拓展的
平台性	直播由于依托的人群不同，已逐步形成了各式各样的社交圈。特定的圈子文化使直播平台能够建立更深层次的社交关系，让人们的社交关系得到沉淀和扩散，增强观众和平台之间的黏性。目前直播平台常见的社交圈有秀场圈、游戏圈等

（续表）

优势	具体说明
分享性	直播之所以能火爆，主要原因在于它所承载的平台是个开放式的平台。用户基于平台可进行上传、互动、分享等操作，视频上传者与观看者、分享者之间形成了一个完美的闭环，即主播现场直播，供观众在线观看；观众对直播内容发表自己的观点、看法、评论，并与主播、上传者或其他观众互动；观众在看完直播之后，可将自己感兴趣的或者自己认为有用的信息分享到社交平台上，或转发给第三方

9.1.2　直播变现的多种方式

在抖音，用户可通过点击直播中的主播头像快速进入直播间，许多主播会选择以付费的形式，将自己的直播间推广到推荐页面。直播间进入推荐页面后，就有更高的概率吸引更多的用户进入直播间。开通直播是增强流量获取和转化能力的一种商业玩法，下面将介绍利用直播实现变现的几种常见方式。

1. 直播卖货

越来越多的抖音创作者选择转战直播间，主要原因有以下两点。

一是抖音功能空间的拓展，为创作者（主播）提供了“涨粉”及表现的新舞台。比如，此前某知名主播与马云合作的口红销售直播，主播卖出 1000 支口红时，马云只有 10 支的带货量，这个结果可想而知。该主播直播带货能力非常强，独有的话术及推荐能力可以快速刺激消费者产生购买行为。在那场直播中，马云的存在不是为了“带货”，其定位是为直播引流并制造舆论，加之该主播在美妆主播界积累的人气，引发了不错的反响。

二是抖音与淘宝的合作导流得到了决策层的支持。马云愿意在直播中充当配角，一方面说明他对该主播直播带货能力的认可，另一方面也表明了其对这种促销模式的支持和肯定。

从 2020 年开始，线上电商收获了更多的流量，这一时期的“知名人士 + 主播”成为各大短视频平台造势的新模式，比如 2020 年 4 月，锤子科技创始人罗永浩高调入驻抖音成为标志性事件，并打造出涵盖知名人士跨界主播、外部签约主播及内部孵化主播在内的多元化直播矩阵。与此同时，抖音大量的垂直类非电商达人实现转型，为品牌打造专场直播，并将其发展成为主要带货形式。

2. 直播“打赏”

“打赏”也是常见的一种变现方式，许多直播平台和主播都以观众“打赏”作为重要的收入来源。观众一般会以赠送虚拟礼物的形式进行“打赏”，这些虚拟礼物是通过购买或兑换得到的。观众“打赏”的行为体现了其参与直播互动的积极性，是直播过程中必不可少的互动方式，图 9-1 所示为抖音的直播“打赏”界面。

图 9-1

3. 广告投放

在直播中投放广告，对观众而言是一件既省时又省力的事情，如果对商品感兴趣，观众可以直接在直播中点击商品链接进行购买。现在许多直播赛事或大型晚会都有赞助商冠名，有些品牌会选择在直播过程中投放广告，这类似于平时大家看到的电视广告，但因为现在长时间收看电视的人减少了，并且直播一般也不会选择在电视上投放，所以各个直播平台就有机会与这些品牌直接合作，并从中赚取广告佣金。

4. 付费内容

在部分直播平台中，并不是所有的直播内容观众都可以随意观看，有些内容是观众付费后才能观看的。是否在直播平台收看付费内容，取决于观众的个人意愿。目前付费的直播内容比较少，但是随着人们版权意识的加强，内容付费是未来直播发展的必经之路，也将是直播变现的重要方式之一。

9.2 如何打造高品质的直播间

许多新主播在开通直播权限后，最初几周热情满满，没过多久便因为直播间流量过少而想放弃。殊不知，做直播需要的是坚持，以及不断的学习和优化。直播卖货是一门技术活，并不是在镜头前简单地介绍商品，它需要长期的坚持和优化才能看到效果。

9.2.1　封面：高辨识度且符合主题

观众收看直播时首先看到的是主播的头像和封面。对于主播来说，头像和封面是否好看决定了观众是否会被吸引并进入直播间。制作封面时，主播可使用自己的艺术照，配上合适的文字，以美观且简洁大方的形式呈现封面。

美观的封面（或头像）能吸引观众的眼球，引导观众进入直播间。下面总结了 4 点设计直播间封面的技巧。

- 画面清晰。画面清晰是设计封面的基本要求，因此建议使用高清图片作为直播封面。
- 主播出镜。在设计封面时，可以加入主播照片（清晰的人物照片）。这是提高个人辨识度的基本要求，目的是让观众一眼就能识别出负责直播活动的主播。
- 文案简洁。封面上的文字不宜过多，单行文字尽量控制在 10 个字以内，突出重点文字。
- 打磨文案。文案要反复打磨，有趣、有重点、有创意的文案，可以吸引更多的人观看直播。

9.2.2　设备：打造更专业的直播间

直播间的质量不仅与主播、运营团队和产品有关，还与直播时使用的麦克风、灯光等有关。本节将介绍打造专业直播间需要准备哪些设备。

1. 手机直播设备

使用手机直播时，需要准备两部手机，一部用来直播，另一部用来放音乐（带货主播可用来做客服服务）。建议大家使用像素较高、性能较好的手机，一来确保画质清晰，二来确保传输过程中画质不会被压缩。直播过程中要持续为设备供电，并确保网络的稳定性，以免造成直播中断。

2. 外置声卡

选择一块优质的声卡可以避免直播过程中产生杂音、声音延迟等问题。一些娱乐类声卡还具备混响、电话音、变声等功能。外置声卡需要兼容手机、电脑等，同时要支持多设备连接，即可以同时支持多部手机直播、多个麦克风连接，这样就能实现两个人同时直播，或者多平台同步直播。

3. 麦克风

麦克风的品牌有很多，大部分主播会选择电容麦克风，如图 9-2 所示。电容麦克风的优点是频率范围广、音色细腻；缺点是对收音环境要求高，价格略高。如果是做食品类直播（需要试吃）的主播，最好选择领夹式麦克风，这样收音会更为便捷，如图 9-3 所示。

| 图 9-2

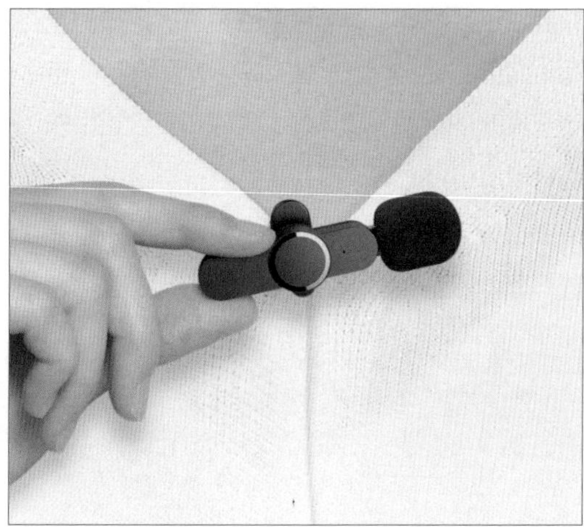

| 图 9-3

4. 设备支架

支架的形式非常多，有可容纳多种设备（手机 + 声卡 + 麦克风 + 补光灯）的，如图 9-4 所示，也有独立式、落地式及台式的，大家根据自己的需求选择即可。用于直播的支架应当重点考虑支架的可伸缩性及可扩展性，其次是稳定性要好、占地面积要小。

| 图 9-4

5. 补光灯

在直播时，使用补光灯能够营造光线充足的拍摄环境，有补光灯加持的画面画质清晰、色彩动人。此外，主播在补光灯下直播时，看上去肤白水灵，个人魅力可以得到很好的展现。市面上用于直播的补光灯价格不一，款式也大不相同，对于初涉直播行业的新手来说，建议选择在自己经济承受范围内的补光灯。

目前使用较为普遍的是环形补光灯，如图 9-5 所示，其直径一般为 10~18 寸（1 寸约为 3.33 厘米），优点是价格低、柔肤效果好，环形补光灯能在人眼里反映出一个环形亮斑，使人眼看上去特别有神。另外一种用得较多的是 LED 补光灯，如图 9-6 所示。LED 补光灯的缺点是直接打光时，光线会比较生硬，因此其需要借助柔光罩、反光板、柔光纸等进行辅助打光，这样可以让光线更加柔和。

图 9-5

图 9-6

6. 背景布置

对直播间背景的总体要求是干净明亮、整洁大方，搭建背景墙时可选用浅色或纯色背景布。此外，可根据主播的个人风格进行适当装饰，也可以根据当日的产品或活动贴上相应的产品图或广告海报。布置背景时，不建议使用花里胡哨的图案。

9.2.3　内容：重点突出且有条不紊

有些新手在刚开始直播时，因为没有足够的粉丝，仅有的粉丝黏性也不强，后续发现越来越难做，只能选择放弃。其实要做好一场直播，也是需要提前进行策划的，如图 9-7 所示，做好相应的准备工作并对内容进行优化，才能确保后续的直播工作有条不紊地进行。

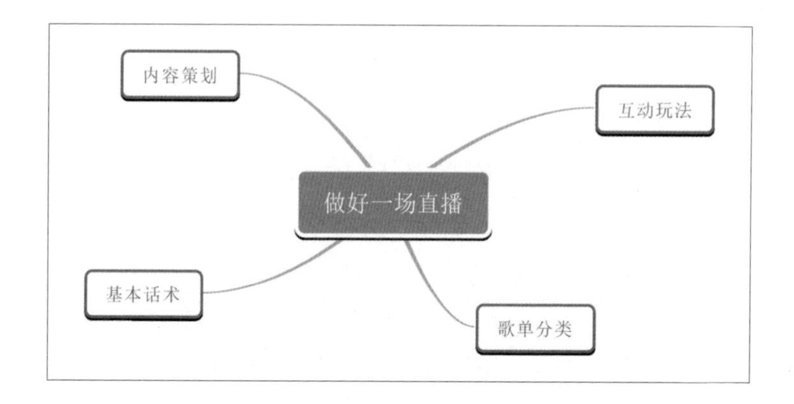

图 9-7

1. 内容策划

在内容策划上，可以根据消费者关心的话题、节日、产品或品牌等进行选择，也可以策划一场产品上新活动、店铺特惠活动等，要把消费者能够获得的好处展现出来，要想清楚直播是为了吸引谁，或者谁是主要的消费者。从这一角度出发，直播的内容就应是消费者所关心的内容。如果没有吸引消费者的亮点，那消费者很快就会离开直播间，毕竟现在做直播的人很多。

对消费者而言，具备吸引力的东西一般是对自身有好处的，比如在直播间中可以用比平时更低的价格购买产品，或者得到更多的赠品等。如果在价格上无法让人心动，可以在直播的内容上多下功夫，如果消费者能通过直播学到一些东西，那么他们也会认为这场直播是不错的。各位主播要记住，内容策划就是要从消费者的角度出发，思考消费者喜欢什么、怎么和消费者互动，通过互动把普通观众变为忠实粉丝，这样才能形成有效转化。

2. 互动玩法

虽然主播的主要目标是卖货，但是主播在直播间中也可以适当进行才艺展示、增加和粉丝的互动。这里所讲的互动包括一起做游戏、合唱一首歌，或者承诺当直播间点赞量达到多少时，主播或助理唱一首歌等。这种互动方式可以很好地调动直播间的氛围，也能让观众体验到直播的趣味性。

大家可能觉得在 20:00~22:00 这个时间段直播是最合适的，但是也要考虑自身直播间面向的群体，比如母婴直播间面向的主要群体是宝妈，宝妈在 20:00~22:00 这个时间段可能需要哄孩子睡觉，而且在这个时间段许多头部主播都在直播，那么新手也在这个时间段直播就不太合适了。各位新手可以测试多个时间段，找到适合自己的直播黄金时间段。

确定直播时间段后，下次就在固定时间段进行直播，培养粉丝的观看习惯。直播时可准备一些福利，比如发放直播专属优惠券、送礼物、抽奖和免单等，以此来与粉丝互动和把控直播节奏。

此外在直播中，产品的构成也是非常重要的。产品包括引流产品、形象产品、搭配产品、利润产品和福利产品等。其中，利润产品一般是主播主推的产品，引流产品是直播时比较有备竞争力的产品。引流产品的知名度高、性价比高、需求量大，一般是刚需产品，这类产品占 10%~20% 的比例即可。

一场直播的同类产品数量不宜超过 3 种，不然会给观众造成困扰。

3. 基本话术

主播要懂得基本的话术，比如对刚进入直播间的观众表示欢迎，对刷礼物的观众表示感谢等，同时要适时地引导观众关注直播间。一些常用的直播话术如下，希望对各位主播有所帮助。

欢迎所有新来的朋友！

欢迎来到 ×× 的直播间，关注一下不迷路。

喜欢主播的可以点击视频左上角的加号关注主播！

喜欢主播的可以加入主播的粉丝团！

4. 歌单分类

在直播间，背景音乐是一个不可或缺的元素，合适的背景音乐既能活跃直播间的气氛，又能拉近主播和观众之间的距离。许多主播会提前整理自己的歌单，比如一些展示才艺的主播会准备与才艺相关的歌曲，带货主播会准备一些轻松欢快的音乐，大家可以根据自身的喜好或直播间的风格来选择歌单。

9.2.4 互动：及时互动和答疑

有些新手拘谨、放不开，容易导致直播间因为没有互动而冷场。其实主播的性格并不是决定因素，许多新手大多是因为心理压力太大或不懂直播技巧而造成直播间热度不够。新手在初涉直播时，大多已经做好了心理准备，只是一时不适应与陌生人互动；即使互动了，得不到很好的反馈，也会感到不知所措，无形之中就给自己施加了压力。要知道，即使是在现实生活中，再优秀的人或作品也很难得到百分之百的好评，何况是在开放度这么高的网络环境中，主播不可能获得所有观众的欢心。众口难调，主播只能想办法通过互动技巧来拉近自身与观众的距离，能赢得大部分观众的信任和喜爱，直播就成功了一大半。

下面介绍几个在直播间增加互动的小技巧。

1. 丰富的表情和动作

主播如果没有任何表情和肢体动作，就会导致直播失去观赏性。对于观众来说，收看直播首先要满足视觉上的需求，所以主播在进行语言表达的同时，不妨加上表情和动作，可以比现实中的夸张一些，表情和动作可持续几秒，因为观众也需要一定的时间接收这些信息。观众看到互动反馈，才会获得较强的参与感。

延伸讲解

主播在收到礼物后，可合理表现自己的惊喜或其他情绪，适当地运用一些表示感谢的手势；即使是在唱歌等才艺展示环节，也可以做一些灵动的手势或表情。

2. 多说礼貌感谢语

在直播间耍大牌、装作看不见观众的问题等行为，是很令观众反感的。直播在一定程度上算是服务行业，主播应尽量多表达自己对观众的欢迎和感谢。在收到“打赏”时，无论多少，方便时就点名答谢一下。

3. 平时多积累“段子”

幽默不仅可以引人发笑，还可以用于应对一些难堪的局面，增加主播的个人魅力。

新手如果自身不具备搞笑天赋，那就多做些功课，平时可以多去一些搞笑主播的直播间收集一些好“段子”，刚开始可以用记录的方式，将稿子放在镜头看不到的地方，直播时扫几眼用于回忆。讲好“段子”时可以搭配一些当前的热门话题，建立这种思维和习惯后，以后的直播就会越来越顺利，也不会显得枯燥了。

4. 扬长避短留一手

大多数人对超出心理预期的人或物都会产生浓厚的兴趣。大多数观众对于一些新主播的心理预期不会太高，所以新主播不要自吹自擂，如果没有达到观众的期望值，就很容易造成粉丝流失。大家可以准备两种及以上的才艺，其中一种为不轻易展示的保留才艺，可视直播间的气氛进行展示。如果对其他才艺展示没有信心，也不要因为怕冷场而勉强展示粉丝要求的才艺，在确实无法推脱的时候就展示保留才艺，扬长避短，免得拙劣的表演让粉丝失望。

5. 巧用“连麦”拉动人气

直播时跟其他主播“连麦”，可以给自己的直播间带来更高的人气。对于找不到“连麦”对象的新手来说，可尝试与等级差别不大的“连麦”，通过真诚的交流慢慢建立稳定的“麦友”圈。

6. 利用道具互动

大部分直播平台会为观众提供许多有趣的虚拟道具，比如跑车、飞机、游轮、钻戒等。主播在直播过程中鼓励观众使用道具来进行互动，活跃气氛。

7. 其他技巧

某些主播会通过“喊麦”、卖萌等方式娱乐观众，以达到活跃直播间气氛的目的。“喊麦”通常以说唱的形式进行，歌词押韵、朗朗上口。卖萌则是通过模仿儿童稚嫩的声音唱歌，同时配合一些可爱的表情和动作。对于喜欢唱歌的主播来说，表演方式有很多，大家可以多看、多学习，找到适合自己的表演方式。

9.2.5　情绪：稳住情绪且泰然处之

大家都知道，直播时保持情绪稳定是一件很重要的事，因为主播的情绪会直接影响整个直播间的氛围。良好的情绪有助于营造好的直播间氛围，从而提升直播间的收益；反之，在直播时心态不佳、情绪失控，则很容易造成粉丝流失。

下面总结了几条直播经验。

1. 保持自信

要想保持良好的直播心态，首先要学会保持自信，自信是成功的前提，也是快乐的秘诀。俗话说“尺有所短，寸有所长”，即使现在的你是一个毫不起眼的小主播，也要相信自己有一天能成为大主播，每个人都有无限的潜能。做主播不能光想着自己的缺点或短处，做一个自信的人，首先要接纳自己，观众才会接受你。

2. 避免对比

主播切忌拿自己的缺点与别人的优点比，一定要学会欣赏自己、接纳自己、勉励自己。如果做不到，不妨尝试以下做法。

记录自己第一次收到虚拟礼物时的体验和经验。

坚持写直播日记，写主播培训摘抄。

将自己的优点罗列在纸上，同时写一两句能激励自己的名言警句或座右铭，每次直播的时候将其贴在墙上等容易看见的地方，用于激励自己。

3. 学会宽容

直播时遇到“黑粉”是很常见的事情，他人带有羞辱性质的或过激的言论很容易影响主播的心情。面对直播间的负面言论，主播一定要学会泰然处之。一味地生闷气，或因为过激言论与他人产生争执，只会得不偿失。大家要始终明确一点，直播间要向大众传递正能量和积极的情绪，这样的直播间才是优质直播间。

9.2.6　时间：培养粉丝的观看习惯

大部分新手会纠结在哪个时间段直播是最合适的，晚上观众多、机会也多，但是知名主播一般都在此时直播；白天观众少，直播间人气可能会不够。

表 9-2 详细分析了不同时间段的特点并给出了建议，大家可以根据自己的实际情况来选择直播时间段。

表 9-2

时间段	分析及建议
上午 5:00—10:00	新手可选择在上午 5:00—10:00 这个时间段直播，相较于其他时间段，上午直播的主播较少，对于新手来说竞争会小一些
下午 3:00—5:00	在这个时间段看直播的人数会比上午多一些，适合中小型主播直播，尤其是在下午 3:00—4:00 这个时间段，观众的心理防线会比其他时间段低一些。如果主播的表现力不错，其在这个时间段会很容易收获观众的好感及礼物。其次，在接近下午 5:00 时，由于许多人处于等待下班的状态，在这段懒散、放松的时间里，大家收看直播的可能性还是很大的
晚上 7:00—12:00	这个时间段“高手云集”，许多知名主播会选择在这个时间段开播，各种出手阔绰的观众也纷纷出动，知名主播们往往能在这几个小时内收获较高人气和收益。各位中小型主播若在这个时间段直播，面对的竞争是比较大的，所以要慎重选择在这个时间段直播
晚上12:00—次日上午7:00	晚上 12:00—次日上午 7:00 这个时间段，相较于前一个时间段来说，竞争会小一些，但是大部分观众在这个时间段会产生疲劳感，如果内容不够精彩，直播间是很难留住观众的。但这个时间段的优势在于，观众的心理防线会逐步降低，尤其是凌晨 2:00 左右，观众送礼物的概率是比较高的

需要注意的是，上午这一时间段属于碎片化时间，由于大部分人要工作，所以主播很难将这部分人长时间留在直播间里；对于这部分人，主播要做的是利用他们的碎片化时间，即上班通勤的这个时间段，在这个时间段重点表现，争取把观众转化为直播间的长期有效粉丝。

9.2.7　粉丝：灵活运营增长人气

随着直播时间的增长，主播会认识和积攒越来越多的粉丝，但有些粉丝会因为时间和内容等各种原因流失。主播放任粉丝流失是不妥的，平时要及时调动粉丝积极性，同时在直播过程中要积极与粉丝互动。

主播的成功离不开粉丝，粉丝是主播的支持者，也是主播持续直播的动力。对于各位主播来说，粉丝也是需要经营的，这样才能让自己在直播的路上走得更远。下面总结了粉丝运营的几个技巧。

1. 尊重并善待粉丝

对粉丝必须心怀感恩，在平时直播时，多与直播间的粉丝进行互动，给粉丝留下较好的印象。要想得到粉丝的拥护，首先得尊重粉丝，这也是增强粉丝黏性的重要方法。

表 9-3 展示了对待粉丝的方式。

表 9-3

方式	作用
心存感激	接受粉丝赠送的虚拟礼物后，要及时感谢粉丝，心中常存感激，与粉丝的关系才会更加和谐
同频共振	主播如果能找到与粉丝的共鸣点，使自己的“固有频率”与粉丝的“固有频率”保持一致，就能很好地增进彼此之间的关系
真诚赞美	当粉丝有值得褒奖之处时，应给予诚挚的赞美。赞美，不仅会把铁杆粉丝团结得更加紧密，还有可能把观众转化为自己的粉丝
诙谐幽默	机智风趣、谈吐幽默的主播往往能收获更多的粉丝，大多数观众都不喜欢动辄与人争吵、郁郁寡欢、乏味无趣的主播
宽容大度	主播与粉丝交流时，难免会产生冲突。在这种情况下，主播多一分宽容，就更有可能赢得一个绿色的人际交往环境；不要对别人的过错耿耿于怀。保持宽容大度，路才会越走越宽
诚恳道歉	如果不小心得罪了粉丝，应当真诚地向粉丝道歉，这样不仅可以化解矛盾，还能促使双方进行沟通，缓和彼此的关系

2. 参加活动和比赛

普通观众并不会主动进入哪个主播的直播间，所以作为主播，增加自身或直播间的曝光量就非常有必要了。主播有机会可以多参加平台举办的活动和比赛，平台举办的活动和比赛一般规模较大，参与的人也多。参加活动和比赛，可以让更多的人看到你的努力和才艺，看到不一样的你。把自己推销出去了，就离成功不远了。

3. 直播间“串门”

作为主播，如果只停留在自己的直播间，接触到的观众是有限的。如果想接触到更多的观众，获得更多的流量，不妨去其他直播间“串个门”。主播如果以“粉丝”的身份去到其他直播间，并尝试与其他直播间的观众聊天交友，就有可能将这些观众转化为自己的粉丝。此外，主播与主播之间建立良好的合作关系，也能实现粉丝资源的共享。

4. 参与比拼

直播时，可以多发起或参与一些才艺比拼，如图 9-8 所示，通过与其他主播的互动，主播可以达到交换粉丝的目的，粉丝会呈明显的叠加效果。

图 9-8

5. 与粉丝保持联系

主播应当积极与粉丝保持联系，并对粉丝进行分类，确定相应的联系方式。在节假日或对方生日这种特殊的日子，不妨打一通问候电话或发一条祝福短信，或通过 QQ、微信等社交软件进行沟通交流，这些行为都可以维护和巩固与粉丝的关系。

此外，主播可以适当举办一些线下粉丝活动，进一步加强与粉丝的联系，给粉丝留下更深、更好的印象，通过这样的活动还能结识更多的新朋友。

6. 建立粉丝团管理粉丝

随着直播产品的快速发展，粉丝团功能已经成为秀场类直播产品的基本功能之一。粉丝团功能指的是观众通过付费方式加入主播的粉丝团，可以成为主播粉丝团的成员，并在直播间中享受粉丝的各项权益，加入粉丝团的观众可以通过完成粉丝团任务，提升自己和主播的亲密度。

观众加入主播粉丝团的核心诉求是让主播更多地关注自己，让自己在直播间有更强的存在感。通过加入主播的粉丝团，观众可以获得粉丝团成员的专属标志，也更容易获得主播的关注，获得更多的与主播互动的机会。对于主播来说，创建粉丝团可以让粉丝获得更强的归属感，他们可以通过成为粉丝团成员，获得与主播和其他成员互动的机会，更好地表达自己的观看体验和感受，主播也可以从与他们的交流中得到成长。

后记

致谢

本书在写作过程中获得了许多人的帮助与支持，特在此对以下企业、团队及个人表示感谢（排名不分先后）。

制作单位

伯乐影视文化传播（深圳）有限公司、潮牌文化传媒（广州）有限公司

企业或团队

京姿（上海）生物科技有限公司、广西阳朔一块夫妻旅行管家团队、阳朔竹窗溪语禅艺度假酒店、阳朔兴坪闲云居度假酒店、阳朔碧栖民宿、桂林智神信息技术股份有限公司、深圳市优至胜科技有限公司、潘与刘品牌设计

个人

杨起捷、阿玛尼、陆冠华、沙漠、古焱梅、李孝云、冉锐、张雪芹、王乐超、王连星、王帅、但凯、高点 G-DIAN HOMME、都铁军、张宝利、李瑞生、谭乐彦

致读者

每个时代都会有新的事物出现，抓住属于自己的时代风口，找到自己的一技之长，用好手机这个利器，拍好短视频，做最好的自己。感谢每位阅读本书的读者！